Métodos para a Produção do Conhecimento

Osmar Ponchirolli
Maderli Ponchirolli

Métodos para a Produção do Conhecimento

SÃO PAULO
EDITORA ATLAS S.A. – 2012

© 2011 by Editora Atlas S.A.

Capa: Leandro Guerra
Composição: Entexto – Diagramação de textos

Dados Internacionais de Catalogação na Publicação (CIP)
(Câmara Brasileira do Livro, SP, Brasil)

Ponchirolli, Osmar
  Métodos para a produção do conhecimento / Osmar Ponchirolli, Maderli Ponchirolli. – – São Paulo: Atlas, 2012.

Bibliografia.
ISBN 978-85-224-6633-7

1. Conhecimento 2. Pesquisa 3. Pesquisa – Metodologia I. Ponchirolli, Maderli. II. Título.

11-08966   CDD-001.42

Índice para catálogo sistemático:

1. Metodologia da pesquisa e produção do conhecimento   001.42

TODOS OS DIREITOS RESERVADOS – É proibida a reprodução total ou parcial, de qualquer forma ou por qualquer meio. A violação dos direitos de autor (Lei nº 9.610/98) é crime estabelecido pelo artigo 184 do Código Penal.

Depósito legal na Biblioteca Nacional conforme Decreto nº 1.825, de 20 de dezembro de 1907.

Impresso no Brasil/*Printed in Brazil*

Editora Atlas S.A.
Rua Conselheiro Nébias, 1384 (Campos Elísios)
01203-904 São Paulo (SP)
Tel.: (011) 3357-9144
www.EditoraAtlas.com.br

O conhecimento somente é científico na medida em que constitui um sistema, uma unidade ou um todo lógico, no qual os juízos se acham vinculados uns aos outros, pela coerência ou pela racionalidade do método.

Osmar Ponchirolli

Sumário

Introdução, 1

1 O fenômeno do conhecimento, 7
  1.1 O fenômeno do conhecimento, 7
      1.1.1 Origem do conhecimento, 17
           1.1.1.1 O racionalismo, 18
           1.1.1.2 O empirismo, 22
           1.1.1.3 O intelectualismo, 25
           1.1.1.4 O apriorismo, 28
      1.1.2 As questões acerca da essência do conhecimento, 34
           1.1.2.1 O realismo, 34
           1.1.2.2 O idealismo, 39
           1.1.2.3 O fenomenalismo, 45
      1.1.3 A possibilidade do conhecimento, 47
           1.1.3.1 Dogmatismo, 47
           1.1.3.2 O ceticismo, 49
      1.1.4 As questões acerca das formas do conhecimento, 52

   1.1.4.1 A intuição, 52
   1.1.4.2 A analogia, 54
   1.1.4.3 A indução, 55

2 Dedução, indução e inferência, 57
 2.1 O método dedutivo, 57
 2.2 O método indutivo, 59
 2.3 Inferência, 62

3 Métodos para produção do conhecimento, 64
 3.1 Método fenomenológico, 64
 3.2 Método analógico, 72
 3.3 Método estruturalista, 74
 3.4 Método arqueológico, 79
 3.5 Método genealógico, 79
 3.6 Método dialético, 82
 3.7 Método materialismo dialético, 86
 3.8 Método pragmático, 92
 3.9 Método da complexidade, 96
 3.10 Método funcionalista, 115

4 Passo a passo para a elaboração de uma pesquisa científica, 120
 4.1 Introdução, 120
 4.2 Desenvolvimento, 122
 4.3 Conclusão, 123
 4.4 Etapas da investigação científica, 123
 4.5 A interdisciplinaridade na investigação científica, 128

Referências, 137

Agradecimentos

Agradeço às pessoas e instituições que colaboraram para a realização deste trabalho.

À FAE – Centro Universitário pela contribuição que permitiu a realização desta pesquisa.

Ao Programa de Mestrado em Organizações e Desenvolvimento pelo apoio na realização desta pesquisa.

A todos os bibliotecários e secretárias, cuja silenciosa colaboração foi de grande utilidade durante o desenvolvimento deste trabalho.

Às minhas estimadas filhas, Letícia e Larissa Ponchirolli, pela paciência e bondade.

À minha querida mamãe, Araci Guerreiro Ponchirolli, que soube sabiamente me encaminhar na busca de meu próprio caminho. Mãe, permanecerás eternamente na minha vida.

Introdução

Observa-se que nos cursos de graduações e pós-graduações *lato sensu* e *stricto sensu* existem dificuldades em entender os fundamentos filosóficos dos procedimentos metodológicos. Há confusões em relação às delimitações no universo da teoria do conhecimento, da epistemologia e à questão do método. Epistemologia não é História das Ciências. Não é psicologia das ciências e nem sociologia das ciências. Epistemologia é o estudo crítico e filosófico dos princípios, dos métodos, das hipóteses, das teorias, dos sistemas e dos resultados ou conteúdo das diversas ciências, bem como de seu relacionamento com as demais ciências.

O que se pretende neste livro é provocar uma reflexão apenas a partir de uma espécie de epistemologia referente ao ramo científico vinculado às Ciências Humanas destacando a importância de alguns métodos na produção do conhecimento. O autor tem consciência de que uma das principais utilidades da Epistemologia é a de estudar e analisar o método científico e os métodos de cada ciência. Este livro não pretende analisar os métodos de cada ciência. Busca-se refletir a importância de alguns métodos, a partir da contribuição da filosofia, na construção do conhecimento humano.

A ciência é o modo de conhecimento pelas causas, mas não de um modo qualquer, vulgar, espontâneo e desordenado. É um conhecimento sistemático e orgânico, organizado e reflexo. Por isso a ciência exige um método ou um caminho; um roteiro gnosiológico para chegar a conclusões que sejam científicas. O conhecimento científico, não consistindo num conhecimento intuitivo, instintivo e imediato é sempre produto de um processo ou método e é sempre um conhecimento mediato fruto do raciocínio e da experiência humana. A possibilidade da ciência está diretamente dependente da possibilidade e validade desse método ou caminho, roteiro, fora do qual não há conhecimento científico.

A metodologia é a ciência filosófica que estuda, investiga e aplica os diversos métodos. As metodologias completas pertencem às técnicas especiais de cada ciência e não ao campo da gnosiologia propriamente. Portanto, não é problema da epistemologia. A gnosiologia supõe sempre um método ou vários métodos para cada ciência que não nos compete determinar aqui, mas que, enquanto método científico, deve ter sempre as seguintes características: Objetividade, Rigor e Espírito Crítico.

A objetividade se manifesta na observação rigorosa da realidade com a máxima exatidão possível e completa submissão aos dados da realidade. O rigor impede o pesquisador de fazer suposições arbitrárias e também de avançar sem apoiar-se em dados comprovados de um modo perfeito e inequívoco, distinguindo sempre, com toda precisão, o que é um dado certo, o que é uma simples probabilidade e o que é uma hipótese apenas. O espírito crítico é essencial na constituição da ciência. É o talento interpretativo dos dados objetivos e rigorosos. Não é suficiente a posição negativa de rejeitar a credulidade ingênua, mas é preciso a atitude interpretativa positiva, que descobre as relações constantes e que ainda saiba concretizar e expressar os achados em fórmulas científicas.

O espírito crítico rejeita todo apriorismo, todo pré-julgamento, todo preconceito que perturba a interpretação objetiva dos fatos. A conjugação destas características resulta no que se pode chamar de "espírito científico", que deve ser espírito positivo pela absoluta submissão dos fatos sensíveis nas ciências da natureza. Os cientistas estão submetidos aos fatos sensíveis, experimentais e mensurais.

Tem-se um método quando se segue certo caminho (*adós*) para alcançar certo fim (meta), proposto de antemão como tal. Esse fim pode ser o conhecimento ou um fim humano ou vital. Por exemplo, a felicidade.

Mesmo em suas formas mais rudimentares, a obtenção e a transmissão do conhecimento envolve o emprego, consciente ou não, de um método, de uma técnica.

Esse método corresponde ao que se poderia chamar de "lógica de trabalho". Assim, o método é o próprio trabalho humano, enquanto procura tornar-se cada vez mais racional, ou então, a própria racionalidade desse trabalho, que, ao manipular a realidade natural e humana, com duplo propósito e conhecê-la e transformá-la, descobre a racionalidade do pensamento e da atividade humana, que, pelo trabalho, alcançam esse duplo objetivo.

A elaboração do método não pode anteceder o descobrimento do objeto. Todavia, se é o método que permite conhecer o objeto, como pode depender, para ser elaborado, do prévio descobrimento do objeto que só por seu intermédio pode ser conhecido?

A contradição desaparece ao observar que na operação do conhecimento jamais se parte da total ignorância do objeto. Na realidade, o ponto de partida é sempre algum conhecimento do objeto que se procura, por mais insuficiente e limitado que seja. É a estrutura da realidade que determina a estrutura do método e não o inverso. Há uma preocupação de encontrar um método universal a todos os ramos do saber e em todos os casos possíveis.

O conhecimento científico se caracteriza por ter como objeto não o particular e contingente, mas o universal e o necessário, além disso, por ser sistemático e, consequentemente, metódico. Um conjunto de conhecimentos, mesmo universais e necessários, simplesmente justapostos, sem articulações lógicas uns com os outros, não constitui ciência.

O conhecimento somente é científico na medida em que constitui um sistema, uma unidade ou um todo lógico, no qual os juízos se acham vinculados uns aos outros, pela coerência ou pela racionalidade do método.

A cientificidade da ciência consiste menos na estrutura de seus conhecimentos que na unificação metódica desses conhecimentos em uma totalidade coerente. Em relação à ciência, o método desempenhará, pois, duas funções igualmente indispensáveis: tornar possível a obtenção dos conhecimentos que, na ausência do método, seriam obtidos, por acaso ou fortuitamente, e permitir a articulação ou ordenação desse conhecimento em conjunto lógico e sistemático que, somente por ser lógico e sistemático, merece o título de ciência. O homem de ciência sabe como procurar e coordenar os conhecimentos adquiridos.

É o método apenas uma forma? É o método apenas um processo científico, vazio de conteúdo, ou está implícita nele já certa filosofia? É a realidade que determina o tipo de método a empregar? Acredita-se que é possível para uma mesma realidade o emprego de diferentes resultados. Os resultados em um e outro método são diferentes. O que determina o seu emprego? Parece que não é tanto a realidade, mas são os interesses prévios a defender. Há métodos que mantêm as coisas; há métodos que as transformam.

Acredita-se que o método não pode ser considerado como mera forma vazia de conteúdo. Ela carrega dentro dele a visão de homem, sociedade e mundo. A busca em saber qual será o estatuto epistemológico das ciências sociais é um dos grandes desafios do século XXI. Quando se busca a explicação e a transformação do social fazendo uso político, perde-se o caráter científico? O autor acredita que a compreensão desta questão passa pela compreensão dos métodos na produção do conhecimento.

Há uma parcela da comunidade científica que não concebe mais a possibilidade de um conhecimento universal e perene, mas sim que há apenas a alternativa de se conhecer parcelas da realidade. O conhecimento absoluto da realidade é descartado. Começam a perceber que a estrutura do universo é dinâmica e instável. O *princípio da incerteza* de Werner Heisenberg postula que sempre que optamos por observar um aspecto da natureza, fatalmente desconsideramos outro. A física quântica nos mostra a impossibilidade de se conhecer simultaneamente a velocidade e a posição de uma determinada partícula subatômica. Será que os cientistas teriam que renunciar a sua interpretação objetiva dos fenômenos da natureza, visto que, em sua estrutura fundamental, a relação dos componentes dessa estrutura fundamental se apresenta caracteristicamente dinâmica e indeterminada? Os processos do mundo físico escapam a uma descrição precisa e objetiva, sendo possível apenas formulá-las em termos de probabilidade?

Há uma convicção de que a aparente solidez do objetivo está exatamente fundamentada nesses processos indeterminados e probabilísticos que em determinadas condições emergem para o macromundo, delegando a ele instabilidade e imprevisibilidade. Qual o papel do cientista social neste contexto? Qual deve ser a relação entre observador e o objeto observado? Que métodos a filosofia nos apresenta para dialogarmos com esta realidade?

O papel do cientista diante do conhecimento da natureza passa a ser questionado, pois o mundo e os fenômenos da natureza se apresentam caóticos e não objetivamente e deterministicamente mensuráveis. A realidade está impregnada de imprevisibilidade e indeterminismo.

Este livro tem como objetivo examinar alguns métodos fundamentais à produção do conhecimento e iniciar a discussão acerca dos procedimentos metodológicos para conduzir este processo. Destacam-se nesta obra alguns métodos: a fenomenologia, o método analógico, o estruturalismo, o método arqueológico, a Genealogia, a Dialética, o Materialismo Dialético, o método pragmático, a Complexidade e o método Funcionalista.

O Livro está estruturado em quatro capítulos. No Capítulo 1, procura-se descrever o fenômeno do Conhecimento. No Capítulo 2, procura-se analisar três gêneros da investigação científica: a Dedução, a Indução e a Inferência. O Capítulo 3 refere-se à descrição de alguns métodos para a produção do conhecimento e no Capítulo 4 apresenta-se o passo a passo para a elaboração de uma pesquisa científica.

1 O fenômeno do conhecimento

O presente capítulo analisará o consenso dos teóricos em relação ao fenômeno do conhecimento. Destacará as principais características-chave da origem do conhecimento, as questões acerca da essência do conhecimento e a possibilidade do conhecimento.

O fenômeno do conhecimento é essencial para criar uma plataforma sólida na busca da compreensão do método na produção do conhecimento. O autor, neste capítulo, recomenda a leitura da obra de Johannes Hessen sobre a Teoria do Conhecimento. Este autor foi a inspiração desta primeira reflexão.

1.1 O Fenômeno do Conhecimento

A Teoria do Conhecimento,[1] no universo da filosofia, é uma interpretação e uma explicação filosófica do conhecimento humano. Antes, porém, de filosofar sobre um objeto, é necessário examiná-lo com exatidão. Qualquer explicação ou interpretação deve ser precedida de uma observação e de uma descrição exata do objeto.

---

[1] A Teoria do Conhecimento, como o nome diz, é uma teoria, ou seja, uma explicação e uma interpretação do conhecimento humano. Ela faz referência objetiva ao pensamento, na sua relação com os objetos.

A reflexão sobre a natureza do nosso conhecimento dá origem a uma série de desconcertantes problemas filosóficos, que constituem o assunto da teoria do conhecimento, ou Epistemologia. A maior parte desses problemas foi debatida pelos gregos antigos e, ainda hoje, a concordância é escassa sobre a maneira como deveriam ser resolvidos ou, no caso de tal não ser possível, abandonados.

Descrevendo os temas dos capítulos que seguem, pode-se entender, de modo geral, a natureza desses problemas.

Qual é a distinção entre conhecimento e opinião verdadeira? Se um homem teve um palpite acertado ("Eu diria que é o sete de ouros"), mas não sabe realmente, e outro homem sabe, mas não diz e não precisa adivinhar, o que é que o segundo homem tem (se assim podemos dizer) que falta ao primeiro? Pode-se dizer, é claro, que o segundo homem tem a *prova evidente* e que o primeiro não a tem, ou que algo *é evidente* para um, mas não o é para o outro. Mas o que é prova evidente, e como se decide, em qualquer caso determinado, se temos ou não a prova?

Essas perguntas têm suas análogas tanto na Filosofia Moral como na Lógica. O que significa um ato estar *certo*, e como decidiremos, em qualquer caso, se um determinado ato está certo ou não? O que significa uma inferência ser *válida*, e como decidiremos, num determinado caso, se uma dada inferência é ou não válida?

A nossa prova para algumas coisas, ao que parece, consiste no fato de termos provas para outras coisas. *"A minha prova de que ele cumprirá sua promessa é o fato de ter dito que cumpriria a sua promessa. E a minha prova de que ele disse que cumpriria a sua promessa é o fato de que...".* Devemos dizer, de tudo aquilo para o que temos prova, que a nossa prova consiste no fato de termos prova para alguma outra coisa? Se tentarmos formular, socraticamente, a nossa justificação para qualquer pretensão particular de conhecimento (*"a minha justificação para pensar que sei que A... é o fato de que B..."*) e se formos inexoráveis em nossa investigação (*"e a minha justificação para pensar que sei que B... é o fato de que C..."*), chegaremos, mais cedo ou mais tarde, a uma espécie de fim de linha (*"mas a minha justificação para pensar que sei que N... é simplesmente o fato de que N..."*). Um exemplo de N poderá ser o fato de que me parece recordar que já estive aqui antes ou o fato de que alguma coisa, agora, me parece azul.

Esse tipo de interrupção pode ser descrito de duas maneiras bastante diferentes. Poderíamos dizer: *"Há certas coisas (por exemplo, o fato de parecer me recordar de ter aqui estado antes) que são evidentes para mim, e que o são de tal forma que a minha prova de evidência para essas coisas não consiste no fato de haver certas outras coisas que são evidentes para mim."* Ou poderíamos dizer, alternativamente: *"Há certas coisas (por exemplo, o fato de parecer me recordar ter aqui estado antes) das quais não se pode dizer que sejam evidentes **em si mesmas**, mas que se parecem com o que se pode considerar evidente, na medida em que funcionam como prova evidente para certas outras coisas."* Essas duas formulações apenas pareceriam diferentes verbalmente. Se adotarmos a primeira, poderemos afirmar que algumas coisas são *diretamente evidentes*.

As coisas que ordinariamente dizemos que *conhecemos* não são coisas, portanto, "diretamente evidentes". Mas, ao justificarmos a pretensão de conhecimento de qualquer uma dessas coisas particulares, podemos ser levados de novo, da maneira descrita, às várias coisas que *são* diretamente evidentes. Deveríamos dizer, portanto, que o conjunto daquilo que conhecemos, em qualquer momento dado, é uma espécie de "estrutura", que tem seu "fundamento" no que acontece ser diretamente evidente nesse momento? Se dissermos isso, deveremos estar então preparados para explicar de que maneira esse fundamento serve de apoio ao resto da estrutura. Mas essa questão é difícil de responder, visto que o apoio dado pelo fundamento não seria dedutivo nem indutivo.

Por outras palavras, não é o gênero de apoio que as premissas de um argumento dedutivo dão à sua conclusão, nem é o gênero de apoio que as premissas de um argumento indutivo dão à sua conclusão. Pois, se tomarmos como nossas premissas o conjunto do que é diretamente evidente em determinado momento, não podemos formular um bom argumento dedutivo nem um bom argumento indutivo em que qualquer das coisas que, ordinariamente, dizemos que conhecemos, apareça como uma conclusão. Portanto, talvez se dê o caso de, além das "regras de dedução" e das "regras de indução", existirem também certas "regras de evidência" básicas. O lógico dedutivo tenta formular o primeiro tipo de regras; o lógico indutivo, o segundo; e o epistemologista procura formular as regras do terceiro tipo.

Pode-se perguntar: "*O que é* que sabemos? Qual é a *extensão* do nosso conhecimento?" Poder-se-á também perguntar: "Como decidir, em qualquer caso particular, *se sabemos ou não*? Quais são os *critérios* de conhecimento, se porventura existem?" O "problema do critério" resulta do fato de que, se não tivermos resposta para o segundo par de perguntas, não disporemos, nesse caso, aparentemente, de um procedimento razoável para encontrar resposta para o primeiro; e, se não tivermos resposta para o primeiro par de perguntas, não teremos então, aparentemente, um processo razoável de encontrar a resposta do segundo.

O problema poderá ser formulado mais especificamente para diferentes matérias – por exemplo, o nosso conhecimento (se houver) de "coisas externas", "outros espíritos", "certo e errado", as "verdades da Teologia". Muitos filósofos, aparentemente sem razão suficiente, abordam algumas dessas versões mais específicas do problema do critério segundo um ponto de vista, ao passo que outros as encaram de um ponto de vista muito diferente.

O nosso conhecimento (se houver) do que, por vezes, denominamos as "verdades da razão" – as verdades da Lógica e da

Matemática e o que se expressa por "Uma superfície que é toda vermelha também não é verde" – dota-nos de um exemplo particularmente instrutivo do problema de critério. Alguns filósofos acreditam que qualquer teoria satisfatória do conhecimento deve ser adequada ao fato de que algumas das verdades da razão, tal como tradicionalmente são concebidas, não estão entre as coisas que conhecemos. Outros, ainda, procuram simplificar o problema afirmando que as chamadas "verdades da razão" só pertencem realmente, de algum modo, à maneira como as pessoas pensam ou à maneira como empregam sua linguagem. Mas, uma vez que essas sugestões sejam equacionadas com precisão, logo perdem toda e qualquer plausibilidade que aparentemente tenham tido, no começo.

Outros problemas da teoria do conhecimento poderiam designar-se, apropriadamente, por "metafísicos". Abrangem certas questões sobre as maneiras como as coisas nos parecem. As aparências que as coisas apresentam para nós quando, digamos, as percebemos parecem ser subjetivas, na medida em que dependem, para a sua existência e natureza, do estado do cérebro. Este simples fato levou os filósofos, talvez com excessiva facilidade, a estabelecer algumas conclusões extremas.

Alguns afirmaram que as aparências das coisas externas devem ser duplicatas internas dessas coisas – quando um homem percebe um cão, uma tênue réplica do cão é produzida dentro da cabeça do homem. Outros disseram que as coisas externas devem ser bastante distintas do que ordinariamente aceitamos que elas sejam – as rosas não podem ser vermelhas quando ninguém está olhando para elas. Ainda outros afirmaram que as coisas físicas devem-se compor, de algum modo, de aparências; e houve também quem dissesse que as aparências devem ser compostas, de algum modo, de coisas físicas. O problema levou até alguns filósofos a indagar se existem coisas físicas e outros, mais recentemente, a indagar se existem aparências.

O "problema da verdade" poderá parecer um dos mais simples da teoria do conhecimento. Se dissermos, a respeito de um homem, "Ele acredita que Sócrates é mortal", e depois acrescentarmos, "E o que é mais, sua crença é verdadeira", então o que acrescentamos não é, certamente, mais do que isto: Sócrates é mortal. E "Sócrates é mortal" diz-nos tanto quanto "é verdade que Sócrates é mortal". Mas que aconteceria se disséssemos, a respeito de um homem, que algumas de suas crenças são verdadeiras, sem especificar que crenças? Que propriedade, nesse caso, estaríamos atribuindo à sua crença?

Suponha-se que digamos: "O que ele está dizendo agora é verdade", quando acontece que o que ele está dizendo agora é o que *nós* estamos agora dizendo que é falso, seja o que for. Nesse caso, estaremos dizendo algo que é verdadeiro ou dizendo algo que é falso?

Finalmente, qual é a relação entre as condições da verdade e os critérios de evidência? Temos boas provas, presumivelmente, para acreditar que existem nove planetas. Essa prova consiste em vários outros fatos que conhecemos a respeito de Astronomia, mas não inclui, em si, o fato de que existem nove planetas. Pareceria logicamente possível, portanto, que um homem tivesse boas provas para uma crença que, não obstante, é uma crença falsa. Significará isso que o fato de existirem nove planetas, se porventura for um fato, é realmente algo que não pode ser evidente? Deveríamos dizer, portanto, que ninguém sabe, *realmente*, se existem nove planetas? Ou deveríamos dizer que, embora seja possível saber que existem nove planetas, não é possível saber que sabemos existirem nove planetas? Ou as provas de que dispomos para acreditar que existem nove planetas garantem, de algum modo, que a crença é verdadeira e garantem, portanto, que há nove planetas? Tais questões e problemas como esses constituem o assunto da teoria do conhecimento.

Devemos, pois, aprender com um olhar penetrante e descrever com exatidão esse fenômeno peculiar de consciência que chamamos de conhecimento. Fazemos isso à medida que tentamos apreender as características essenciais desse fenômeno, mediante a autorreflexão sobre o que experimentamos quando falamos em conhecimento.

No conhecimento, defrontam-se consciência e objeto, sujeito e objeto. O conhecimento aparece como uma relação entre esses dois elementos. Nessa relação, sujeito e objeto permanecem eternamente separados. O dualismo do sujeito e o objeto pertence à essência do conhecimento. Ao mesmo tempo, a relação entre os dois elementos é uma relação recíproca. O sujeito só é sujeito para um objeto, e o objeto só é objeto para um sujeito. Ambos são o que são, apenas à medida que o são um para o outro. Essa correlação, porém, não é reversível. Ser sujeito é algo completamente diverso de ser objeto. A função do sujeito é apreender o objeto; a função do objeto é ser apreensível e ser apreendido pelo sujeito.

Vista a partir do sujeito, essa apreensão aparece como uma saída do sujeito para além de sua esfera própria, como uma invasão da esfera do objeto e como uma apreensão das determinações do objeto. Com isso, no entanto, o objeto não é arrastado para a esfera do sujeito, mas permanece transcendente a ele. Não é no objeto, mas no sujeito, que algo foi alterado pela função cognoscitiva. Surge, no sujeito, uma figura que contém as determinações do objeto, uma imagem do objeto.

Visto a partir do objeto, o conhecimento aparece como um alastramento, no sujeito, das determinações do objeto. Há uma transcendência do objeto na esfera do sujeito, correspondendo à transcendência do sujeito na esfera do objeto. Ambas são apenas aspectos diferentes do mesmo ato. Nesse ato, porém, o objeto tem preponderância sobre o sujeito. O objeto é o determinante, o sujeito é o determinado.

É por isso que o conhecimento pode ser definido como uma determinação do sujeito pelo objeto. Não é, porém, o sujeito que é pura e simplesmente destinado, mas apenas a imagem, nele, do objeto. A imagem é objetiva à medida que carrega consigo as características do objeto. Diferente do objeto, ela está, de um certo modo, entre o sujeito e o objeto. Ela é o meio com o qual a consciência cognoscente apreende seu objeto.

Segundo Russ (1991, p. 46), conhecimento é o ato pelo qual o espírito ou o pensamento apreendem o objeto ou o tornam presente, esforçando-se para formar uma representação que exprime perfeitamente esse objeto.

Dizer que o conhecimento é uma determinação do sujeito pelo objeto é dizer que o sujeito comporta-se receptivamente com respeito ao objeto. Essa receptividade, contudo, não significa passividade. Pelo contrário, pode-se falar de uma atividade e de uma espontaneidade do sujeito no conhecimento. Certamente, a espontaneidade não está relacionada ao objeto, mas à imagem do objeto, na qual a consciência pode muito bem ter uma participação criadora. Receptividade com respeito ao objeto e espontaneidade com respeito à imagem do objeto no sujeito podem perfeitamente coexistir.

À medida que determina o sujeito, o objeto mostra-se independente do sujeito, para além dele, transcendente. Todo conhecimento visa a um objeto independente da consciência cognoscente. Por isso, o caráter transcendente é adequado a todos os objetos de conhecimento. Dividimos os objetos em reais e ideais. Chamamos de reais ou efetivos todos que nos são dados na experiência externa ou interna ou são inferidos a partir dela. Comparados a eles, os objetos ideais aparecem como irreais, meramente pensados. Esses objetos ideais são, por exemplo, as estruturas matemáticas, os números e as figuras geométricas.

O estranho é que também esses objetos ideais possuem um ser em si, uma transcendência no sentido epistemológico. As leis numéricas, as relações existentes, por exemplo, entre os lados e ângulos de um triângulo têm uma independência de nosso pensamento subjetivo, semelhante à dos objetos reais. Apesar de sua irrealidade, defrontam-se com nosso pensamento como algo em si mesmo, determinado e independente.

Parece existir uma contradição entre a transcendência do objeto em face do sujeito e a correlação, constatada há pouco, entre sujeito e objeto. Essa contradição, porém, é apenas aparente. O objeto só não é separável da correlação na medida em que é um objeto de conhecimento. A correlação entre sujeito e objeto é em si mesma indissolúvel; só o é no interior do conhecimento. Sujeito e objeto não se esgotam em seu ser um para o outro, mas têm, além disso, um ser em si. No objeto, esse ser em si consiste naquilo que ainda é desconhecido. No sujeito, consiste naquilo que ele é além de sujeito que conhece. Além de conhecer, ele também está apto a sentir e a querer. Assim, enquanto o objeto cessa de ser objeto quando se separa da correlação, o sujeito apenas deixa de ser sujeito cognoscente.

Assim como a correlação entre sujeito e objeto só não é dissolúvel no interior do conhecimento, ela também só não é reversível enquanto relação de conhecimento. Em si mesma, uma reversão é perfeitamente possível. Ela ocorre, de fato, na ação, pois, nesse caso, não é o objeto que determina o sujeito, mas o sujeito que determina o objeto. Não é o sujeito que muda, mas o objeto. O sujeito não mais se comporta receptivamente, mas espontânea e ativamente, ao passo que o objeto se comporta passivamente. Desse modo, conhecimento e ação apresentam estruturas completamente opostas.

A essência do conhecimento está estreitamente ligada ao conceito de verdade. Só o conhecimento verdadeiro é conhecimento efetivo. Conhecimento não verdadeiro não é propriamente conhecimento, mas erro e engano. Em que consiste, então, a verdade do conhecimento? A verdade consiste na concordância da figura com o objeto. Um conhecimento é verdadeiro à medida que seu conteúdo concorda com o objeto intencionado. Consequentemente, o conceito de verdade é um conceito relacional.

Ele expressa um relacionamento, a saber, o relacionamento do conteúdo do pensamento, da figura, com o objeto. O próprio objeto, ao contrário, não pode ser nem verdadeiro nem falso. De certo modo, ele está para além da verdade e da inverdade. Uma representação inadequada, por sua vez, pode ser verdadeira, pois, apesar de incompleta, pode ser correta, se as características que contém existirem efetivamente no objeto.

O conceito de verdade que se obtém a partir da consideração fenomenológica do conhecimento pode ser chamado conceito transcendente de verdade, vale dizer, ele tem a transcendência do objeto como pressuposto. É esse o conceito de verdade da consciência ingênua e também o da consciência científica. Ambos visam, com a verdade, à concordância do conteúdo do pensamento com o objeto.

Ao nos aprofundarmos ainda um vez na descrição do fenômeno do conhecimento, vemos sem dificuldade que há sobretudo três problemas ou questões principais contidos nos achados fenomenológicos, a saber: os problemas ou questões acerca da origem do conhecimento; os problemas ou questões acerca da essência do conhecimento e os problemas ou questões acerca das formas/tipos de conhecimento.

Quando nos deparamos com a estrutura do sujeito cognoscente, vemos que essa estrutura é dualista. O homem é um ser espiritual e sensível. Distinguimos, correspondentemente, um conhecimento espiritual e um conhecimento sensível. A fonte do primeiro é a razão; a do segundo, a experiência. Pergunta-se, então, qual é a principal fonte em que a consciência cognoscente vai buscar seus conteúdos. A fonte e o fundamento do conhecimento humano é a razão ou a experiência? Essa é a questão ou o problema sobre a origem do conhecimento. Somos conduzidos ao problema verdadeiramente central da teoria do conhecimento quando fixamos o olhar sobre a relação entre sujeito e objeto.

Na descrição fenomenológica, caracteriza-se essa relação como uma determinação do sujeito pelo objeto. Agora, porém, também se pergunta se essa concepção da consciência natural é a correta. Muitos teóricos do conhecimento definiram a relação num sentido diametralmente oposto. A situação real é exatamente inversa: não é o objeto que determina o sujeito, mas o sujeito que determina o objeto. A consciência cognoscente não se comporta receptivamente frente a seu objeto, mas ativa e espontaneamente. Pergunta-se qual das duas interpretações do conhecimento humano é a correta. De forma abreviada, podemos chamar esse problema de questão sobre a essência do conhecimento humano.

Quando se fala em conhecimento, sempre pensamos apenas numa apreensão racional do objeto. O que se pergunta é se, além desse conhecimento racional, existe um outro, de outro tipo, um conhecimento que, por oposição ao conhecimento racional-discursivo, poderíamos chamar de intuitivo. Essa é a questão sobre as formas ou tipos de conhecimento.

1.1.1 Origem do conhecimento

As ideias que temos surgem donde? São reproduções de objetos externos ou criações de nossa mente? Temos diversas soluções para o problema. Na reflexão filosófica, reconhecemos duas formas de conhecimento: a sensível e a intelectiva.

A pergunta sobre a origem do conhecimento humano pode ter tanto um sentido lógico quanto psicológico. No primeiro caso, a questão tem o seguinte teor: psicologicamente, como se dá o conhecimento no sujeito pensante? No segundo caso, em que se baseia a validade do conhecimento? Quais são seus fundamentos lógicos? Na maioria das vezes, essas duas questões da validade pressupõem uma perspectiva psicológica determinada. Quem enxerga no pensamento humano, na razão, o único fundamento do conhecimento está convencido da independência e especificidade psicológica do processo de pensamento. Por outro lado, quem fundamenta todo conhecimento na experiência negará independência, mesmo sob o aspecto psicológico, ao pensamento.

1.1.1.1 O racionalismo

Chama-se racionalismo (de *ratio*, razão) o ponto de vista epistemológico que enxerga no pensamento, na razão, a principal fonte do conhecimento humano. Segundo o racionalismo, um conhecimento só merece realmente esse nome se for necessário e tiver validade universal. Se minha razão julga que deve ser assim, que não pode ser de outro modo e que, por isso, deve ser assim sempre e em toda parte, então, segundo o modo de ver do racionalismo, estamos lidando com um conhecimento autêntico. O racionalismo dos séculos XVII e XVIII é a doutrina que afirma ser a razão o único órgão adequado e completo do saber, de modo que todo conhecimento verdadeiro tem origem racional. O racionalismo é a vasta orientação metafísica da filosofia moderna, que vai de Descartes a Kant, ou até mesmo a Hegel e às várias tendências evolucionistas do século XIX.

Segundo Russ (1991, p. 243), o racionalismo é a doutrina segundo a qual o espírito humano possuiria os princípios ou conhecimentos *a priori*, independentes da experiência, que comandariam o conhecimento (DESCARTES, KANT et al.).

Os juízos baseados no pensamento, provindo da razão, possuem necessidade lógica e validade universal; os outros, não. Todo conhecimento genuíno depende do pensamento. É o pensamento, portanto, a verdadeira e fundamental fonte do conhecimento humano.

O conhecimento matemático serviu de modelo à interpretação racionalista do conhecimento. Ele é predominantemente dedutivo e conceitual. Por isso, todos os juízos que formula distinguem-se pelas notas características da necessidade lógica e da validade universal.

Encontramos a forma mais antiga de racionalismo em Platão. Ele está convencido de que todo saber genuíno distingue-se pelas notas características da necessidade lógica e da validade universal. O mundo da experiência está em permanente mudança e modificação. Consequentemente, é incapaz de nos transmitir qualquer saber genuíno.

Segundo Fraile (1976, p. 307), Platão está profundamente imbuído da ideia de que os sentidos jamais nos fornecerão um conhecimento genuíno. O que se lhe deve não é uma epistéme, mas uma dóxa: não um saber, mas meramente uma opinião. Se não se deve, pois, desesperar da possibilidade do conhecimento, deve haver, além do mundo sensível, um mundo suprassensível do qual nossa consciência cognoscente retira seus conteúdos.

Platão chama esse mundo suprassensível de mundo das ideias. Esse mundo não é simplesmente uma ordem lógica, mas também uma ordem metafísica, um reino de entidades ideais. Ele está em relação, primeiramente, com a realidade empírica. As ideias são os arquétipos das coisas da experiência. Essas coisas obtêm seu ser-assim, sua essência peculiar, por participação nas ideias.

Em segundo lugar, porém, o mundo das ideias está em relação também com a consciência cognoscente. Não apenas as coisas, como também os conceitos por intermédio dos quais nós as conhecemos, são derivados do mundo das ideias. Mas como isso é possível? É essa questão que a doutrina platônica da reminiscência vem responder. Ela afirma que todo conhecimento é rememoração. Podemos chamar essa forma de racionalismo de racionalismo transcendente.

Uma forma um pouco diferente é encontrada em Plotino e Agostinho. O primeiro coloca o mundo das ideias no Espírito Pensante, o Nous cósmico. As ideias já não são um reino de entidades existentes por si, mas o autodesdobramento vivo do Nous. Nosso espírito emanou desse Espírito Pensante cósmico. Entre ambos existe, portanto, a mais íntima conexão metafísica. Logo, torna-se dispensável a suposição de uma contemplação pré-terrena das ideias. O conhecimento simplesmente ocorre quando o espírito humano recebe ideias do Nous, sua origem metafísica. Essa recepção é caracterizada por Plotino como uma iluminação.

Este pensamento é acolhido por Agostinho e modificado no sentido cristão. No lugar do Nous, entra o Deus pessoal do Cristianismo. As ideias convertem-se nos pensamentos criativos de Deus. As verdades e conceitos superiores são irradiados por Deus em nosso espírito. Paralelamente, é preciso observar que, especialmente em seus escritos de maturidade, Agostinho reconhece, ao lado daquele saber baseado na iluminação divina, a existência de um outro campo de conhecimento cuja fonte é a experiência.

O núcleo desse Racionalismo está, portanto, na teoria da iluminação divina. Parece adequado chamar essa forma de racionalismo platônico-agostiniana de racionalismo teológico.

Na Idade Moderna, esse racionalismo experimenta uma intensificação, como se pode observar em Malebranche, filósofo francês do século XVII. Aos olhos de Malebranche, Deus é a única causa eficaz. Quanto às coisas criadas, elas são apenas a ocasião do exercício da vontade divina. Tal é a onipotência de Deus, radical e soberana, onipotência que Malebranche sublinha na sua obra (RUSS, 1994, p. 350).

Segundo Russ (1994, p. 360), no século XIX, o filósofo italiano Gioberti irá retomar essa ideia. Segundo ele, conhecemos as coisas com uma visão imediata do Absoluto, sem uma atividade criadora. Por partir do ser real absoluto, Gioberti chama seu sistema de ontologismo.

Desde então, essa designação tem sido aplicada a Malebranche e a doutrinas afins, de modo que hoje se entende por ontologismo, num sentido geral, a doutrina da intuição racional do absoluto como fonte única, ou pelo menos principal, do conhecimento humano. Essa concepção também é representante de um racionalismo teológico. Essa forma de racionalismo chamamos de teognosticismo.

Outra forma do racionalismo é encontrada na filosofia de Descartes e em Leibniz, continuador de sua obra. É a doutrina das ideias inatas (*ideae innatae*), cujas primeiras pegadas já encontramos na última fase do estoicismo (Cícero) e que irá desempenhar um papel importante na modernidade.

Segundo ela, há em nós um certo número de conceitos inatos, conceitos que são, na verdade, os mais importantes, fundamentais do conhecimento. Eles não provêm da experiência, mas constituem um patrimônio original de nossa razão. Se, conforme Descartes, esses conceitos estariam mais ou menos prontos em nós, para Leibniz eles existem em nós apenas em germe, potencialmente.

> *No plano do conhecimento, Leibniz apega-se às ideias – definidas como objetos do pensamento – e às diferenças que reinam entre as diferentes ideias, segundo sua clareza e distinção. Uma ideia é clara quando ela basta para conhecer uma coisa e distingui-la. Sem isso, a ideia é obscura. São distintas as ideias que distinguem no objeto as marcas que o dão a conhecer. De outra maneira, são chamadas confusas. [...] O princípio de razão suficiente é, aos olhos de Leibniz, princípio supremo, muito grande e muito nobre* (RUSS, 1994, p. 348).

No século XIX, surge uma forma de racionalismo que distingue nitidamente a questão sobre a origem psicológica da questão sobre a validade lógica e se restringe rigorosamente a uma fundamentação desta última. É algo puramente lógico, um abstrato, e nada significa senão a personificação dos mais altos pressupostos e princípios do conhecimento.

O pensamento é fonte exclusiva do conhecimento. O conteúdo completo do conhecimento é deduzido daqueles princípios superiores de maneira rigorosamente lógica. Os conteúdos da experiência não fornecem nenhum indício que auxilie o sujeito pensante em sua atividade determinante. Pode-se caracterizar essa forma de racionalismo como racionalismo estritamente lógico.

As bases do Racionalismo epistemológico foram lançadas por René Descartes e desenvolvidas pelos grandes cartesianos, Baruch Spinoza, Nicolas Malembrache, Wilhelm Gottfried Leibniz, estendendo-se, através deste, ao iluminismo alemão, com Christian Wolf e outros.

1.1.1.2 O empirismo

O empirismo (de εμπειρια = experiência) opõe à tese do racionalismo (segundo a qual o pensamento, a razão, é a verdadeira fonte de conhecimento) a antítese que diz: a única fonte do conhecimento humano é a experiência. Na opinião do empirismo, não há qualquer patrimônio *a priori* da razão. A consciência cognoscente não tira os seus conteúdos da razão; tira-os exclusivamente da experiência. O espírito humano está por natureza vazio; é uma tábula rasa, uma folha em branco onde a experiência escreve. Todos os nossos conceitos, incluindo os mais gerais e abstratos, procedem da experiência.

O empirismo é a doutrina filosófica segundo a qual o conhecimento se determina pela experiência (empeiría). Segundo Russ (1994, p. 81), empirismo é a doutrina segundo a qual todos os conhecimentos ou princípios representam uma aquisição da experiência e repousam fundamentalmente nela. Negação da ideia segundo a qual existiriam, no nosso espírito, dados independentes da experiência.

O empirismo parte de fatos concretos. Para justificar a sua posição, aponta o desenvolvimento do pensamento e do conhecimento humanos como prova da grande importância da experiência para que o conhecimento ocorra.

Primeiramente, a criança tem percepções concretas. Com base nessas percepções, vai, paulatinamente, formando representações e conceitos gerais. Estes, portanto, se desenvolvem organicamente a partir da experiência. Seria inútil procurar por conceitos que já estivessem prontos no espírito ou que se formassem independentemente da experiência. A experiência aparece, assim, como a única fonte do conhecimento.

Enquanto os racionalistas procedem da matemática, a maior parte das vezes, a história do empirismo revela que os seus defensores procedem quase sempre das ciências naturais. Só é compreensível porque, nas ciências naturais, a experiência representa papel decisivo. Nelas, trata-se sobretudo de comprovar exatamente os fatos mediante uma cuidadosa observação. O investigador está completamente entregue à experiência.

Costuma-se distinguir uma dupla experiência: a interna e a externa. A interna consiste na percepção de si próprio, está na percepção dos sentidos. Há, porém, uma forma de empirismo que só admite a experiência externa. Essa forma de empirismo chama-se sensualismo (de *sensus* = sentido).

Já na antiguidade encontram-se ideias empiristas. Encontram-se, primeiro, nos sofistas e, mais tarde, especialmente entre os estoicos e os epicuristas. Nos estoicos, encontra-se pela primeira vez a comparação da alma como uma tábua na qual nada está escrito, imagem que desde então se repete continuamente. Mas o desenvolvimento sistemático do empirismo é obra da Idade Moderna. E em especial da filosofia inglesa dos séculos XVII e XVIII.

O seu verdadeiro fundador é John Locke (1632-1704). Ele combate com toda a decisão a teoria das ideias inatas. A alma é um papel em branco que a experiência cobre pouco a pouco com os traços da sua escrita. Há uma experiência externa (sensação) e uma experiência interna (reflexão). Os conteúdos da experiência são ideias ou representações, algumas simples, outras complexas. Estas são formadas a partir de ideias simples.

A essas ideias simples pertencem as qualidades sensíveis primárias e secundárias. Uma ideia complexa é, por exemplo, a ideia de coisa ou de substância. Ela é a soma das propriedades sensíveis da coisa. O pensamento não acrescenta nenhum fator novo, mas limita-se a pôr os diferentes dados da experiência em conexão uns com os outros. Se isso é correto, não há nada em nossos conceitos que não provenha da experiência interna ou externa.

Na questão da origem psicológica do conhecimento, Locke adota, por conseguinte, uma posição rigorosamente empirista. Outra coisa é a questão sobre a validade lógica. Embora todos os conteúdos do conhecimento provenham da experiência, a sua validade lógica não se limita de modo algum à experiência.

Há, pelo contrário, verdades que são completamente independentes da experiência e, portanto, universalmente válidas. A elas pertencem, antes de tudo, as verdades matemáticas. O fundamento de sua validade não reside na experiência, mas sim no pensamento. Assim, o princípio empirista é violado por Locke quando admite verdades a *priori*.

O empirismo de Locke foi desenvolvido por David Hume (1711-1776). Ele divide as ideias de Locke em impressões e ideias. Por impressões ele entende as vivas sensações que temos quando vemos, ouvimos, tocamos etc. Existem, assim, impressões de sensação e impressões de reflexão. Para ele, todas as ideias provêm de impressões, não sendo senão cópias de impressões. Todos os conceitos devem poder ser atribuídos a algo intuitivamente dado. A consciência cognoscente retira seus conteúdos inteiramente da experiência.

O empirismo desenvolve-se na Inglaterra, com suas características próprias, do século XVI ao XVIII. Apresenta uma preocupação menor pelas questões rigorosamente metafísicas, voltando-se mais para os problemas do conhecimento. Seu método *a posteriori*, utilizando as ciências positivas, estabelece uma psicologia e uma gnoseologia sensistas, baseadas essencialmente nos sentidos e na sensação.

O filósofo francês Condillac (1715-1780) fez o empirismo avançar na direção do sensualismo. Segundo Jolivet (1965, p. 112), o sensualismo tem por princípio fundamental que todas as nossas ideias, sem exceção, vêm unicamente dos sentidos e, por conseguinte, nada nos podem ensinar que não seja de ordem sensível.

A tese de Condillac é a de que só há uma fonte de conhecimento: a sensação. Ele pretendeu demonstrá-la rigorosamente ao tentar provar que todo conhecimento se reduz à sensação e às transformações da sensação.

O filósofo inglês John Stuart Mill (1806-1873) reduz o conhecimento matemático à experiência, como fonte única do conhecimento. Não há proposições *a priori*, válidas independentemente da experiência. Até as leis lógicas do pensamento têm fundamento na experiência.

O significado do empirismo para a história do problema do conhecimento consiste em ter assinalado enfaticamente a importância da experiência perante a negligência racionalista com respeito a esse fator de conhecimento.

Do ponto de vista gnosiológico, o Empirismo rejeita o inatismo, que admite a existência de um sujeito cognoscente dotado de ideias inatas, isentas de qualquer dado da experiência. Para o empirismo o sujeito cognoscente é uma espécie de tábula rasa, onde são gravadas as impressões decorrentes da experiência com o mundo exterior. As ideias dos filósofos ingleses vão influir na transformação da sociedade europeia e vão determinar a Europa dos séculos XVIII e XIX.

1.1.1.3 O intelectualismo

Uma nova direção epistemológica que intenciona a mediação entre o racionalismo e empirismo é o intelectualismo. Defende a tese de que há juízos logicamente necessários e universalmente válidos, não só sobre os objetos ideais, mas também sobre os objetos reais.

Esta tendência defende a tese de que a consciência cognoscente lê na experiência, tira os seus conceitos da experiência. Além das representações intuitivas sensíveis, há, segundo o intelectualismo, os conceitos. A experiência e o pensamento formam justamente a base do conhecimento humano.

Na antiguidade, este ponto de vista epistemológico foi desenvolvido por Aristóteles. Segundo sua tendência empirista, coloca o mundo platônico das ideias dentro da realidade empírica. As ideias são as formas essenciais das coisas. A experiência, com Aristóteles, alcança uma importância fundamental.

Por meio dos sentidos obtêm-se imagens perceptivas dos objetos concretos. Nestas imagens sensíveis, encontra-se incluída a essência geral, a ideia da coisa. Essa teoria foi desenvolvida na Idade Média por Tomás de Aquino. Defende a tese de que começamos recebendo das coisas concretas imagens sensíveis.

Na visão tomista, a vida intelectiva marca o grau mais alto na escala dos vivos. É própria dos seres superiores a partir do homem, e é o que o distingue essencialmente das plantas e dos animais, com os quais tem em comum as duas formas inferiores de vida, vegetativa e sensitiva. É a diferença específica que se expressa em sua definição quando dizemos que o homem é um *animal racional*.

A vida intelectiva tem duas modalidades: uma *cognoscitiva*, em que entra em função o entendimento, que é a faculdade mais elevada do homem, e outra *apetitiva*, que corresponde à vontade, a qual, no homem, está dotada da prerrogativa da liberdade.

Santo Tomás assinala como objeto próprio do entendimento humano as essências abstratas das coisas sensíveis. O objeto do entendimento humano são as coisas materiais em si mesmas, não enquanto tais nem em sua particularidade concreta, mas consideradas em suas essências, estas precisamente abstratas.

O conhecimento completo, integral, de uma coisa não é somente o intelectivo, mas o sensitivo e o intelectivo. Ambos funcionam em íntima compenetração, embora cada um tenha seu campo, seu alcance, sua finalidade e seu caráter próprio e distintivo, e cada um se distinga do outro em múltiplos aspectos.

- Os sentidos somente alcançam o concreto e particular, enquanto a inteligência conhece o abstrato e o universal.
- Os sentidos limitam-se a perceber os acidentes externos das coisas, enquanto o entendimento penetra mais dentro até chegar ao conhecimento de suas essências e também das essências de seus acidentes.
- Os sentidos não podem elevar-se acima das realidades corpóreas, enquanto o entendimento pode formar conceitos das realidades não sensíveis.
- Os sentidos estão dotados de conhecimento direto, mas não podem refletir sobre si mesmos e nem sobre os próprios atos. Em compensação, o entendimento pode conhecer-se analisando seus próprios atos e refletir sobre si mesmo.

O entendimento e os sentidos conhecem a mesma coisa, o mesmo todo, porém não da mesma maneira. Os sentidos conhecem o todo concreto, em particular, com seus caracteres e diferenças individuantes e acidentais e, portanto, em sua mutabilidade. O entendimento conhece o mesmo todo, não em particular, mas em comum. Prescinde de suas notas individuantes, de seus acidentes e de sua mesma existência, fixando-se somente no que tem de estável e de permanente, quer dizer, em sua essência.

Da aplicação da teoria do ato e da potência ao conhecimento deriva, como consequência, que o conhecimento requer imaterialidade, tanto por parte do sujeito quanto do objeto. A matéria física fica determinada e saturada pela forma que recebe, de sorte que não pode receber nenhuma outra enquanto não perder a que tem atualmente. Por sua vez, a forma fica individualizada pela matéria que recebe. Por isso, para que um sujeito possa receber, intencionalmente, muitas formas distintas da sua própria, é necessário que seja imaterial. E também, para que uma forma possa ser recebida num sujeito sem saturar sua potencialidade, deve ser recebida de forma imaterial.

A origem das ideias deve ser buscada pelo objeto nas coisas sensíveis (inteligíveis em potência), e por parte do sujeito, numa faculdade capaz de tornar inteligível em ato o que nas coisas só é inteligível em potência. Santo Tomás recusa o inatismo platônico. A experiência nos atesta que o entendimento, algumas vezes, entende em ato, e, em outras, está em potência para conhecer, o que seria inexplicável se tivéssemos um conhecimento inato das ideias.

Não possuímos ideias inatas e nem tampouco as adquirimos por nenhuma iluminação extrínseca. Todos os conhecimentos têm sua fonte primeira nos sentidos.

As primeiras imagens provêm da percepção sensível. São recolhidas pela fantasia e ministram ao entendimento agente a matéria sobre a qual exercem sua ação.

É tão necessário o contato do entendimento com a sensibilidade e com as imagens da fantasia que, mesmo depois de abstraídos os conceitos, o entendimento deve manter-se sempre voltado para elas.

1.1.1.4 O apriorismo

Denomina-se criticismo a Teoria do Conhecimento de Kant, pois se considera que essa teoria consiste fundamentalmente em uma crítica do conhecimento ou da faculdade de conhecer. O criticismo examina todas as afirmações da razão humana e não aceita nada despreocupadamente. Onde quer que seja pergunta pelos motivos e pede contas à razão humana. O seu comportamento não é dogmático nem cético.

Depois de ter passado pelo dogmatismo e pelo ceticismo, Kant chegou a esta posição do criticismo. Essas duas posições são exclusivistas. Aquela tem uma confiança cega no poder da razão humana; esta é a desconfiança pela razão pura, adotada sem prévia crítica. O criticismo ultrapassa estes dois exclusivismos.

Segundo Reale e Antiseri (1990, p. 111), o criticismo marca uma atitude superadora e sintética ou, pelo menos, pretende ser superadora e sintética. O criticismo aceita e recusa certas afirmações das duas correntes, mas possui um valor próprio e autônomo, por ter revisto a colocação mesma dos problemas. Essa atitude não é, pois, eclética, porque resulta de uma análise dos pressupostos do conhecimento.

O que marca e distingue o criticismo kantista é a determinação *a priori* das condições lógicas das ciências. Apriorismo é uma segunda tentativa de mediação entre o racionalismo e o empirismo. Considera a experiência e o pensamento como fontes do conhecimento. Mas define a relação entre a experiência e o pensamento num sentido diretamente oposto ao proposto pelo intelectualismo. O conhecimento humano apresenta elementos *a priori*, independentemente da experiência.

Os fatores *a priori* são formas do conhecimento. Essas formas recebem o seu conteúdo da experiência. Os fatores *a priori* assemelham-se, em certo sentido, a recipientes vazios, que a experiência enche com conteúdos concretos.

O fator *a priori* não procede da experiência, mas sim do pensamento, da razão. Esta imprime, de certo modo, as formas *a priori* na matéria empírica e constitui assim os objetos do conhecimento.

Emanuel Kant é o grande fundador deste apriorismo. Sua filosofia está dominada pela intenção de mediar entre o racionalismo de Leibniz e Wolff e o empirismo de Locke e Hume. Kant declara que a matéria do conhecimento procede da experiência e que a forma procede do pensamento. Por matéria, entendem-se sensações. Estas carecem de toda a regra e ordem e representam um verdadeiro caos.

O pensamento cria a ordem neste caos, relacionando entre si os conteúdos das sensações. Isso mediante as formas da intuição e do pensamento. As formas da intuição são o espaço e o tempo. A consciência cognoscente começa por introduzir a ordem no tumulto das sensações, ordenando-as no espaço e no tempo, numa justaposição e numa sucessão. O fator racional na razão é a tese principal do apriorismo.

No criticismo kantista, o conhecimento é sempre uma subordinação do real à medida do humano. Kant quis esquematizar essas medidas pensando-as rígidas e predeterminadas, como se fosse possível catalogar, de maneira definitiva, os modos de conhecimento em função de uma concepção imutável do espírito, como dotado de categorias fixas, a cujos esquemas se subordinaria qualquer experiência possível.

Em sua obra fundamental, *Crítica da razão pura*, Kant está movido pela tarefa de investigar as condições em que se podem produzir conhecimentos objetivos. Objetivos são os conhecimentos que, transformando a realidade em objeto, conferem universalidade e operatividade ao relacionamento do homem com o real. Objetividade não diz realidade; diz funcionalidade dos fenômenos.

Condições de possibilidade dos conhecimentos nos conduzem às estruturações que tornam possível, numa tensão de identidade e diferença, tanto a objetividade como a subjetividade e operatividade da objetivação dos objetos, na sujeição dos sujeitos e na operação dos poderes do conhecimento. Kant surpreende estas estruturações no ser teórico da razão finita dos homens.

Analisando essas estruturações, ou seja, as condições de possibilidade, Kant chega aos elementos, cujas sínteses possibilitam a produção de conhecimentos objetivos. São elementos de duas ordens: de ordem intuitiva e de ordem intelectiva. A primeira parte da *Crítica da razão pura*, denominada Estética Transcendental, discute os elementos da intuição pura. O espaço e o tempo exercem funções sindóticas de ordenamento do múltiplo e diverso das sensações.

Ao fazer tal afirmação sobre o espaço e o tempo, que é que Kant comprovava? Comprovava a insuficiência do empirismo, que pretendia subordinar a validade do conhecimento aos fatos particulares. Kant demonstrou que qualquer observação de um fato já está subordinada a condições que são próprias do sujeito cognoscente. A própria sensação visual ou auditiva já é condicionada por algo que pertence ao sujeito, ou seja, pelas formas *a priori* do espaço, e o tempo. Antes de ver, só se pode ver no espaço, e o espaço pertence ao sujeito, como condição de ver.

A segunda parte da doutrina transcendental dos elementos é a lógica transcendental. Aqui se discute, se analisa o elemento intelectivo, o pensamento, que, junto com a intuição, vai possibilitar o conhecimento objetivo. O tema da lógica transcendental é vislumbrar, em suas possibilidades, as funções sintéticas do pensamento na produção da estrutura de todo conhecimento objetivo da realidade.

O adjetivo *transcendental* é fundamental em Kant. Transcendental é o nome de todo conhecimento que não se ocupa tanto dos objetos, mas antes do modo de conhecê-los. Por isso, a filosofia transcendental kantiana é só a ideia de uma ciência cujo plano arquitetônico deve ser traçado pela *Crítica da razão pura*. Transcendental é o nome de um modo de ver e também o nome de algo que não é nem objeto nem tão pouco o sujeito cognoscente, mas antes uma relação entre ambos, de tal modo que o sujeito constitui transcendentalmente, em vista do conhecimento, a realidade enquanto objeto. A filosofia transcendental é, assim, a reflexão crítica mediante a qual o dado se constitui objeto de conhecimento. E o conhecimento é, por isso, em cada caso, um processo de síntese, que pode chamar-se síntese transcendental.

Nestas duas partes, está tratando dos conceitos dos elementos, ou seja, dos conceitos dos elementos do conhecimento, a saber, sensibilidade e entendimento, à medida e enquanto podem ser isolados e analisados em sua estrutura própria. Nestas duas partes, portanto, Kant, através de uma análise isolada e diferencial, quer criar as condições para investigar, em sua possibilidade, o todo do conhecimento, isto é, a união da sensibilidade em sua função sindótica com o entendimento, em sua função sintética. Esse problema da união de sensibilidade e entendimento na estruturação do conhecimento constitui a problemática central e originária da *Crítica da razão pura*.

> *Sejam quais forem o modo e os meios pelos quais um conhecimento se possa referir a objetos, é pela intuição que se relaciona imediatamente com estes e ela é o fim para o qual tende, como meio, todo o pensamento. Esta intuição, porém, apenas se verifica à medida que o objeto nos for dado; o que, por sua vez, só é possível, pelo menos para nós homens, se o objeto afetar o espírito de certa maneira. A capacidade de receber representações (receptividade), graças à maneira como somos afetados pelos objetos, denomina-se sensibilidade. Por intermédio, pois, da sensibilidade que pensa esses objetos e só ela nos fornece intuições; mas é o entendimento que pensa esses objetos e é dele que provêm os conceitos. Contudo, o pensamento tem sempre que referir-se, finalmente, a intuições, quer diretamente (**directe**), quer por rodeios (**indirecte**), mediante certos caracteres e, por conseguinte, no que respeita a nós, por via da sensibilidade, porque de outro modo nenhum objeto nos pode ser dado* (KANT, 2000, p. 71).

Na leitura deste trecho inicial, já se percebe que Kant determina tanto a intuição como o pensamento como modalidades de tornar presente alguma coisa. O modo de tornar presente destas duas estruturas é diferente: enquanto a intuição o faz apresentando, o pensamento o faz representando.

Apresentar é um dar acesso direto e imediato ao próprio fenômeno real. O entendimento não é uma faculdade sensível de conhecimento; isso significa que o entendimento não é intuitivo, não dispõe de intuição, embora torne presente o fenômeno real. O entendimento, quando pensa, não apresenta, apenas representa, isto é, torna presente mediata e indiretamente.

Assim explica Kant: as intuições são finitas, isto é, se exercem pelo anúncio que se dá ao fenômeno. Elas se baseiam nas afetações dos fenômenos. Ora, sendo representações, os conceitos não se referem imediatamente nem remetem diretamente aos fenômenos. Eles só conseguem reportar-se aos fenômenos à medida e enquanto os próprios fenômenos já se deram e apresentaram diretamente as intuições. Consiste em representar uma apresentação.

Aqui se percebe que, desde o início de sua tarefa – investigar as condições em que se podem produzir conhecimentos objetivos –, Kant nos alerta que, para caracterizar a origem do conhecimento, é necessário concentrar esforços na explicitação da essência da finitude do conhecimento humano. Finitude da razão não diz respeito única e primariamente ao fato de que o conhecimento humano demonstra muitos defeitos devidos à inconstância, à inexatidão e ao erro, mas antes diz respeito à estrutura essencial do conhecimento mesmo. A limitação fática do conhecimento não é senão uma consequência dessa essência.

É justamente para precisar, determinar a essência da finitude do conhecimento, que Kant apresenta como necessária, já na abertura de sua obra-tarefa, uma caracterização geral da essência do conhecer: todo pensar está simplesmente a serviço da intuição; o entendimento torna, pelo pensamento, o dado intuitivo compreensível.

O entendimento, ao representar, faz com que apareça, na sua nitidez, o intuído de imediato, na sua última captação universal. Assim, pensar enquanto representar em geral serve simplesmente para fazer acessível a todos o objeto particular, isto é, o ente concreto mesmo, tomado em seu caráter imediato.

Kant admite prontamente que todo conhecimento começa com a experiência. Indica, no entanto, que nem todo ele procede da experiência. Isso significa que a explicação genética do conhecimento, como o fez Hume, não é para Kant totalmente satisfatória: resolver a questão da origem não é, portanto, resolver o problema da validez, pois a experiência não pode por si só conceder necessidade e universalidade às proposições que compõem a ciência e todo saber que aspira ser rigoroso.

É necessário perguntar-se, pois, como é possível a experiência, isto é, descobrir o fundamento da possibilidade de toda experiência. Com esse intuito, Kant determina primeiro a classificação dos juízos em analíticos e sintéticos, *a priori* e *a posteriori*. Nos juízos analíticos, o predicado está contido no sujeito; por isso, são certos, mas vazios. Nos juízos sintéticos, o predicado não está contido no sujeito; por isso, não são vazios, mas tão pouco absolutamente certos. Os juízos *a priori* são aqueles formulados independentemente da experiência; os juízos *a posteriori* são os derivados da experiência.

Portanto, o conhecimento humano se constitui de intuição e pensamento. Ambos os elementos são finitos: a intuição, enquanto depende do já existente; o pensamento, enquanto soletrar discursivo, um trazer à fala, num discurso, o real que se doa de imediato. O conhecimento humano é um dar a si mesmo o objeto que soletra necessariamente no dado da intuição.

1.1.2 *As questões acerca da essência do conhecimento*

O conhecimento representa uma relação entre um sujeito e um objeto. Esta relação constitui o verdadeiro problema do conhecimento. Qual o fator determinante, o sujeito ou o objeto? Que é que, em última análise, se conhece do mundo real? Conhecemos as coisas como elas são, e elas são em si como nós as conhecemos? Para refletirmos sobre essas questões, destacaremos alguns posicionamentos que expressam opiniões extremas e contrárias: o realismo, o idealismo e o fenomenalismo.

1.1.2.1 O realismo

Segundo Russ (1994, p. 247), por realismo entende-se a doutrina segundo a qual o ser tem uma existência independente de quem o concebe ou de toda representação do espírito. Existem coisas reais, independentes da consciência. Esse ponto de vista é suscetível de diversas variações. As variações são as seguintes: o realismo ingênuo, o realismo natural e o realismo crítico.

O realismo ingênuo não é ainda determinado por nenhuma reflexão epistemológica e o problema sujeito-objeto ainda não surgiu claramente. Não distingue a percepção do objeto percebido. As coisas são exatamente como as percebemos.

O realismo natural não identifica conteúdo perceptivo e objeto. Os objetos correspondem exatamente aos conteúdos da percepção. Aristóteles está nesta perspectiva do realismo natural.

Para Aristóteles (1982, p. 57), *conhecer* é possuir intelectualmente o SER. O *conhecer* se dá *abstrativamente. Abstrair* significa "tirar de". Tirar as impressões materiais e permanecer com o *universal* e *necessário*, formando o *conceito*, a partir da apreensão compreensiva da essência. Conhecer é, pois, possuir intelectualmente o *ser*, o que se dá pelo *processo de abstração*. O *processo de abstração* é um processo ascendente de desmaterialização que culmina na formação do *conceito*.

O conceito, por ser o dizer da *essência*, do *em-si do ente*, possui valor de *necessidade, atemporalidade e universalidade*. Para Aristóteles (1982, p. 90), o processo de abstração é composto de três etapas:

A primeira etapa de abstração constitui-se na apreensão das qualidades sensíveis dos objetos materiais. Apreensão vaga, desconexa. Denomina-se esta primeira etapa do processo de *abstração de simples apreensão*.

A segunda etapa resulta na formação das *notas comuns* ou *espécies inteligíveis*. Esta segunda etapa é, portanto, a etapa na qual o intelecto passivamente recebe, sob a forma das espécies inteligíveis, as características materiais dos objetos.

A terceira etapa é onde acontece a formação do *conceito. O intelecto agente (puro ato de entendimento)* ilumina as *espécies inteligíveis*, capacita o *intelecto passivo* (capacidade de entendimento) a compreender a *essência*. O *intelecto agente* realiza a atualização da compreensão da *essência*, potencialmente existente nas espécies inteligíveis. O *intelecto agente* resgata a potencialidade de compreensão à atualidade de compreensão, o conhecimento da *essência*. Sendo o intelecto agente puro ato do entendimento, pode realizar esta passagem da potencialidade de compreensão da essência ao *ato* de compreensão da essência, o que, por si mesmo, não poderia realizar o *intelecto passivo*. É, portanto, o *intelecto agente* a causa primeira da inteligibilidade do *real* (REALE, 1994).

Esse apreender das essências, expressando para si esta essência, a partir da *iluminação do intelecto agente*, leva ao *conceito*. O conceito é, portanto, este dizer para si da essência, este expressar para si do "em-si" dos entes. Uma vez elaborado o conceito, por ser o conceito a expressão da essência (da necessidade dos entes – do seu "em-si"), possui ele *validade universal*.

A *Filosofia Primeira* é o cume da atividade teórica do homem. Pode-se inclusive afirmar que, através do exercício contemplativo do *ser*, o homem realiza sua essência naquilo em que se assemelha à divindade: a racionalidade.

> *Há uma ciência que investiga o ser como ser e os atributos que lhe são próprios em virtude de sua natureza. Ora, essa ciência é diversa de todas as chamadas ciências particulares, pois nenhuma delas trata universalmente do SER como SER. Dividem-no, tomam uma parte e dessa estudam os atributos: é o que fazem, por exemplo, as ciências matemáticas. Mas como estamos procurando os princípios e as causas supremas, evidentemente deve haver algo a que eles pertençam como atributos essenciais. Se, pois, andam em busca desses mesmos princípios aqueles filósofos que pesquisaram os elementos das coisas existentes, é necessário que esses sejam elementos essenciais e não acidentais do ser. Portanto, é do ser enquanto ser que também nós teremos de descobrir as primeiras causas* (Metaf. Livro IV, cap. 1 – 1003 a 2530).

O realismo crítico, por outro lado, defende a tese de que nem todas as propriedades presentes nos conteúdos perceptivos convêm às coisas. Existem apenas em nossa consciência. Elas surgem à medida que certos estímulos externos atuam sobre nossos órgãos sensíveis.

Hessen (2003, p. 30) defende a ideia de que essas três formas de realismo são encontradas na filosofia antiga. Em Demócrito (470-370 a. C.), depara-se com o realismo crítico. Para ele, o que existe são átomos com determinações quantitativas. Tudo que é qualitativo deve ser considerado como adminículo de nossos sentidos. Aristóteles sustentou o realismo natural. As propriedades percebidas convêm também às coisas, independentemente da consciência percipiente. Essa perspetiva foi predominante até a Idade Moderna. Só depois Demócrito reviveu.

As pesquisas nas ciências da natureza favoreceram a ressurreição do realismo crítico. Segundo Russ (1991, p. 250), para Galileu, a matéria apresenta apenas determinações quantitativas e espaço-temporais, fazendo com que as outras propriedades fossem encaradas como subjetivas. John Locke apresenta a distinção entre qualidades sensíveis primárias e secundárias. As primeiras, tais como o tamanho, a forma, o movimento, o espaço, o número, são apreendidas por mais de um sentido. Elas possuem caráter objetivo, são determinações das coisas. As qualidades secundárias, isto é, as que são apreendidas por um único sentido, têm lugar apenas em nossa consciência, ainda que devamos pressupor a existência, nas coisas, de elementos que correspondam a elas.

O realismo crítico fundamenta principalmente toda a sua concepção das qualidades secundárias em razões tiradas da ciência da natureza. A Física concebe o mundo como um sistema de substâncias definidas de um modo puramente quantitativo. Nada qualitativo tem direito de cidadania no mundo físico, sendo todo o qualitativo expulso dele; e também as qualidades secundárias. O físico, porém, não as elimina simplesmente.

Ainda que considere que só surgem na consciência, concebe-as causadas por processos objetivos, reais. Assim, por exemplo, as vibrações do éter constituem o estímulo objetivo para o aparecimento das sensações de cor e claridade. Desse modo, a física moderna considera as qualidades secundárias, como reações da consciência a determinados estímulos, os quais não são as próprias coisas, mas sim certas ações causais das coisas sobre os órgãos dos sentidos.

A Fisiologia proporciona ao realismo crítico novas razões. A Fisiologia mostra que também não percebemos imediatamente as ações das coisas sobre os nossos órgãos dos sentidos. O fato de que os estímulos alcancem os órgãos dos sentidos não significa que sejam já conscientes. Necessitam passar primeiro por esses órgãos ou pele para chegar aos nervos transmissores propriamente da sensação. Esses nervos os transmitem ao cérebro. Ao se pensar na estrutura extremamente complicada do cérebro, é pouco provável que o processo que surge finalmente no córtex cerebral, como resposta a um estímulo físico, tenha ainda alguma analogia com este estímulo.

Por último, também a Psicologia proporciona ao realismo crítico importantes argumentos. A análise psicológica do processo da percepção revela que as sensações não constituem, por si só, as percepções. Em toda a percepção existem certos elementos que não devem considerar-se simplesmente como reações a estímulos objetivos, isto é, como sensação, mas sim como adições da consciência perceptiva. Os elementos do conteúdo da nossa percepção não podem reduzir-se, pura e simplesmente, a estímulos objetivos, pois representam adições da nossa consciência. Ainda que isto não prove, no entanto, que estas adições devam considerar-se como produtos puramente espontâneos da nossa consciência e que não exista nenhum nexo entre elas e os estímulos objetivos, semelhantes descobrimentos psicológicos tornam, em todo o caso, absolutamente inverossímil a tese do realismo ingênuo.

O realismo crítico serve-se, pois, de razões físicas, fisiológicas e psicológicas contra o realismo ingênuo e contra o realismo natural. O realismo crítico faz referência a uma diferença fundamental entre as percepções e as representações. Há uma independência das percepções com respeito à vontade. As percepções são causadas por objetos que existem realmente, independentemente do sujeito que percebe.

Os realistas defendem que a realidade não pode ser provada, mas apenas experienciada e vivenciada. São as experiências do querer que nos dão certeza sobre o ser-aí de objetos exteriores à consciência. Esse realismo volitivo é produto das reflexões filosóficas do século XIX. O filósofo francês Maine de Biran é o representante. Wilheim Dilthey foi quem se esforçou para fundamentá-lo e desenvolvê-lo. Pode-se afirmar que a antítese do realismo é o idealismo.

1.1.2.2 O idealismo

O idealismo, segundo Reale (1994, p. 87), representa posição marcadamente distinta, quer considerado em sua expressão ontológica, ou platônica, ou em sua feição moderna, de cunho essencialmente gnoseológico.

O idealismo de Platão (427-347 a. C.) poderia ser chamado idealismo transcendente, ou da transcendência, pois, para Platão, as ideias ou arquétipos ideais representam a realidade verdadeira, da qual seriam meras cópias imperfeitas as realidades sensíveis, válidas não em si mesmas, mas enquanto participam do ser essencial.

Se para Sócrates a verdade não consegue ser mais do que simples *saber não saber*, para Platão ela adquire um sentido positivo. Esse conteúdo consiste exatamente no conhecimento da *idealidade* ou *inteligibilidade* do ser.

A verdade, enquanto saber irrefutável, isto é, enquanto ciência, *epistéme*, é conhecimento da ideia, ou seja, do ser imutável, do ser que é de um modo absoluto. A maioria, pelo contrário, mais não conhece do que o mundo sensível: ignoram o Belo em si, o Bom em si, o Grande em si e todas as outras ideias, e apenas sabem de coisas belas, de coisas boas, de coisas grandes. Conhecem somente as imagens dos seres verdadeiros, sem saber que são imagens, e vivem, portanto, como que em sonho, porque sonhar é precisamente considerar que imagens sejam realidades verdadeiras.

Juntamente com Parmênides, Platão chama opinião *(doxa)* a este sonho em que consiste o conhecimento comum do mundo sensível. A ciência é o conhecimento do ser, que é plenamente inteligível. A ciência só se ocupa das essências ideais. Somente estas, sempre idênticas a si mesmas, simples, puras e imutáveis, podem traduzir-se em proposições invariáveis, válidas para todos os tempos e lugares.

A ciência tem dois graus: o conhecimento racional ocupa o termo médio entre a opinião e a intuição. A alma se serve ainda de imagens, como os matemáticos e os geômetras para despertar as ideias. Platão atribuía uma grande importância às ciências matemáticas. Elas apreendem incontestavelmente um setor do inteligível. Elas constituem a disciplina que permite adquirir os hábitos de pensamentos convenientes, e apresentam-se, portanto, como uma "propedêutica". Por conseguinte, não existe Filosofia possível para aquele que não passou pela prática da matemática. A *intuição* é o grau supremo do conhecimento. Seu objeto são as ideias ou essências inteligíveis.

Por outro lado, se a ciência (a *epistéme*) se refere ao "ser que é" de um modo absoluto, não se pode sustentar que a opinião se refira ao *nada*. O objeto da opinião não pode certamente coincidir com o objeto da ciência, mas é, sempre, *alguma coisa* que, embora não sendo o ser absoluto, participa dele. De fato, as coisas sensíveis, objeto de opiniões, são aquilo que são, à medida que, como se viu, participam das ideias correspondentes; visto, porém, que participam do ser, mas não coincidem com ele, as coisas sensíveis participam também do não-ser, e tudo aquilo que elas são tem um começo e um fim.

A opinião tem, pois, como conteúdo, algo de "intermédio" entre o ser e o nada: este intermédio é precisamente a realidade sensível que, enquanto em devir, participa do ser e do não ser.

O conhecimento para Platão é *anamnese*, ou seja, uma forma de recordação daquilo que já existe desde sempre no interior de nossa alma. O *Menon* apresenta essa doutrina sob dupla forma: uma de caráter mítico e outra dialética.

A primeira forma, de caráter mítico-religioso, vincula-se às doutrinas órfico-pitagóricas, segundo as quais a alma é imortal e renasce muitas vezes. Consequentemente, a alma viu e conheceu toda a realidade: a realidade do outro mundo e a realidade deste mundo. Sendo assim, conclui Platão, é fácil compreender que a alma pode conhecer: ela deve extrair de si mesma a verdade que já possui desde sempre; e esse "extrair de si mesma" é "recordar".

No mesmo *Menon*, entretanto, após a exposição mitológica, Platão realiza uma experiência maiêutica. Interroga um escravo ignorante de geometria e consegue fazer com que ele, apenas através do método socrático da interrogação, resolva um complexo problema de geometria. Logo, argumenta Platão, como o escravo nada aprendera de geometria antes e como ninguém lhe fornecera a solução, a partir da constatação de que ele a soube encontrar por si mesmo, de sua própria alma, significa que recordou-se dela. Aqui, como transparece claramente, a base da argumentação, longe de ser um mito, é a constatação de um fato: o escravo, como qualquer pessoa em geral, pode extrair de si mesmo verdades que antes não conhecia e que ninguém lhe ensinou.

As ideias são realidades objetivas absolutas que, através da *anamnese*, se impõem à mente como objeto. Os homens comuns se detêm nos primeiros dois degraus da primeira forma de conhecimento, isto é, não ultrapassam o nível da opinião. Os matemáticos ascendem ao nível da *dianoia*. Entretanto, somente o filósofo tem acesso às *noesis* e à ciência suprema. O intelecto e a intelecção, superadas as sensações e os elementos todos ligados ao sensível, captam, com um processo que é simultaneamente discursivo e intuitivo, as ideias na sua pureza, juntamente com seus respectivos nexos positivos e negativos, isto é, com todas as suas ligações de implicação e de exclusão, ascendendo de ideia em ideia até à captação da ideia suprema, ou seja, do *incondicionado*. Esse processo, pelo qual o intelecto passa de ideia para ideia, constitui a *dialética*. E o filósofo é o dialético.

Por conseguinte, existe uma *dialética ascendente* que, liberta dos sentidos e do sensível, conduz às ideias e, posteriormente, ascendendo de ideia em ideia, alcança a ideia suprema. Por outro lado, existe também uma *dialética descendente* que, percorrendo o caminho inverso, parte da ideia suprema ou de ideias gerais e, por um processo de divisão ou diairético, isto é, mediante a distinção progressiva das ideias particulares contidas nas ideias gerais, consegue estabelecer a posição que uma ideia ocupa na estrutura hierárquica do mundo das ideias. Esse aspecto da dialética é amplamente ilustrado nos diálogos da última fase.

Concluindo, pode-se dizer que a dialética consiste na captação, baseada na intuição intelectual, do mundo das ideias, da sua estrutura e do lugar que cada ideia ocupa em relação às outras ideias nessa estrutura. E nisso consiste "a verdade".

Para Platão, a arte não revela, mas esconde o verdadeiro, porquanto não constitui uma forma de conhecimento nem melhora o homem, mas o corrompe, porque é mentirosa. Ela não educa o homem, mas o deseduca, porque se volta para as faculdades irracionais da alma, que constituem as partes inferiores de nós mesmos.

A arte constitui, do ponto de vista ontológico, uma *mimesis*, uma imitação de realidades sensíveis. Ora, sabe-se que as coisas sensíveis representam, sob o aspecto ontológico, uma imagem do eterno paradigma da ideia e, por isso, se afastam do verdadeiro, à medida que a cópia dista do original. Se a arte, por sua vez, é imitação das coisas sensíveis, consequentemente será "imitação de imitação" e, por conseguinte, permanecerá "três vezes distante da verdade".

A arte se mostra corruptora, devendo ser banida ou até mesmo eliminada do estado perfeito, a menos que acabe por se submeter às leis do bem e do verdadeiro.

Segundo Platão, a retórica busca persuadir e convencer a todos sobre tudo, sem dispor de conhecimento algum. O retórico é aquele que, embora sem saber, possui a habilidade de persuadir os demais com maior facilidade do que aquele que verdadeiramente sabe, jogando com os sentimentos e as paixões.

O retórico situa-se longe do verdadeiro tanto quanto o artista, ou melhor, ainda mais, porquanto atribui voluntariamente às imitações sensíveis do verdadeiro a aparência de verdadeiro, revelando, por conseguinte, certa malícia que o artista não possui ou possui apenas parcialmente.

O idealismo teve, desde Descartes, um imenso sucesso e foi proposto por numerosos filósofos, sob diferentes formas. O princípio fundamental que se destaca é o princípio da imanência. Esse princípio consiste em dizer que o homem não conhece direta e imediatamente a não ser seu próprio pensamento. O idealismo epistemológico defende a tese de que não há coisas reais, independentes da consciência. Considera os objetos reais como objetos de consciência ou como objetos ideais.

Segundo Russell (1980, p. 71), idealismo é a teoria que supõe que tudo quanto existe (ou, pelo menos, que tudo cuja existência pode ser conhecida) deve ser, em algum sentido, de natureza mental.

Os idealistas modernos partem da afirmação de que as coisas não existem por si mesmas, mas na medida e enquanto são representadas ou pensadas, de maneira que só se conhece aquilo que se insere no domínio do espírito e não as coisas como tais. Tudo é subordinado a formas espirituais. O homem, quando conhece, cria um objeto com os elementos de sua subjetividade, sem que algo gnoseologicamente pré-exista ao objeto.

O idealismo não significa negação da realidade, como se ela fosse mero conteúdo de representação, nem significa fuga da realidade em busca de um mundo melhor e mais belo, de puros pensamentos. Idealismo significa, ao invés, compreensão do real como idealidade, o que equivale a dizer como realidade do espírito.

Como é que se forma a representação ou a conceituação das coisas? Na história da filosofia, apresentam-se duas formas de idealismo: o subjetivo ou psicológico e o objetivo ou lógico. O idealismo subjetivo defende a tese de que toda a realidade está encerrada na consciência do sujeito. As coisas são conteúdos da consciência. A nossa consciência, com seus vários conteúdos, é a única coisa real. O filósofo Berkeley é o representante desta corrente.

Para Berkeley (1901, p. 259), ser é ser percebido. Isso quer dizer que as coisas, casas, montanhas, rios, em uma palavra todos os seres sensíveis, não têm uma existência real ou natural, distinta de como são percebidos pelo entendimento. Coisa alguma pode ser conhecida a não ser que esteja em algum espírito, e o que é conhecido, por conseguinte, sem que esteja no meu próprio espírito, deverá achar-se em qualquer outro espírito.

O homem não conhece as coisas, mas a representação que a nossa consciência forma em razão delas. Essa é a orientação do idealismo subjetivo, que apresenta seus maiores representantes na cultura britânica, desde Locke e Berkeley a David Hume.

O idealismo objetivo ou lógico toma como ponto de partida a consciência objetiva da ciência. O conteúdo é um conjunto de pensamentos, de juízos. Não há nada psicologicamente real, mas sim logicamente ideal; é um sistema de juízos. Faz uma distinção entre o dado da percepção e a própria percepção. Considera os objetos como concebidos pelo pensamento.

Reduz toda a realidade a algo lógico. Essa posição é defendida pelo neokantismo especialmente pela Escola de Marburgo. Fichte, Shelling e Hegel são os grandes representantes dessa posição. Fichet deu o passo decisivo para o aparecimento do idealismo lógico, elevando o eu cognoscente à dignidade do eu absoluto e provando derivar deste toda a realidade. Em Fichte como em Schelling, o lógico não está diferenciado, mas sim confundido com o psicológico.

O idealismo, especialmente na sua acepção lógica, parte da afirmação de que conhecemos o que se converte em pensamento, ou é conteúdo de pensamento. Enquanto o idealismo psicológico afirma que *ser* é ser percebido, o idealismo lógico defende que *ser* é ser pensado. Hegel definiu o princípio da realidade como uma ideia lógica, fazendo do ser das coisas um ser puramente lógico. Nós só conhecemos aquilo que elevamos ao plano do pensamento, de maneira que só há realidade como realidade espiritual.

> *O idealismo propriamente dito. Sob este nome, podem-se grupar todas as doutrinas que reduzem o universo a um sistema de ideias, dizendo de outra forma, o universo, por estas doutrinas, não tem realidade a não ser no espírito. Nada existe fora do espírito. Os principais filósofos que propuseram esta doutrina são Berkeley, Fichte, Schelling e Hegel* (JOLIVET, 1965, p. 254).

1.1.2.3 O fenomenalismo

Assim como racionalismo e empirismo estão flagrantemente contrapostos quanto à origem do conhecimento, o realismo contrapõe-se ao idealismo na questão da essência do conhecimento. Nesta, também foram feitas tentativas de reconciliar os dois oponentes. A mais importante teve novamente em Kant seu autor. Da mesma forma como havia feito com relação ao racionalismo e ao empirismo, tentou mediar também entre o realismo e o idealismo. Sua filosofia que, do ponto de vista da primeira oposição, se apresenta como apriorismo ou transcendentalismo, na perspectiva da segunda aparece como fenomenalismo.

O fenomenalismo (de *phainóimenon*, fenômeno = aparência) é a teoria segundo a qual não se conhecem as coisas como são, mas como nos aparecem. Certamente existem coisas reais, mas não somos capazes de conhecer sua essência. Só podemos conhecer o quê das coisas, mas não o seu o quê. O fenomenalismo, portanto, acompanha o realismo na suposição de coisas reais, mas acompanha o idealismo na limitação do conhecimento à realidade dada na consciência, ao mundo das aparências, do que resulta a incognoscibilidade das coisas.

Segundo Reale (1990, p. 89), com a expressão *fenomenalismo*, costuma-se indicar todas as doutrinas que reduzem o conhecimento ao mundo dos fenômenos, excluindo qualquer possibilidade do absoluto ou da "coisa em si".

O fenomenalismo de Kant admite a existência de algo metarracional como limite à cognoscibilidade do sujeito, reputando que nós só conhecemos "fenômenos", relações entre coisas, mas não a "coisa em si mesma".

No fenomenalismo, são negadas às coisas e deslocadas para a consciência as qualidades primárias como forma, extensão, movimento e em geral todas as determinações espaciais e temporais. Para Kant, espaço e tempo são apenas formas de nossa intuição, funções de nossa sensibilidade que, inconsciente e involuntariamente, colocam nossas sensações em justaposição e sucessão, ordenando-as espacial e temporalmente. Não são apenas as determinações intuitivas das coisas que provêm, segundo ele, de nossa consciência, mas também as propriedades conceituais.

> *No idealismo Kantiano, a "coisa em si" jamais se torna racional, porque jamais é apreendida por nosso espírito. Hegel contesta o dado irracional da "coisa em si" e afirma a identidade absoluta entre o pensar e o real, em um panlogismo total. É impossível afirmar-se uma coisa em si irracional, porque não há nada que possa "ser" fora do pensamento. No momento em que dizemos que algo é pensado, há a necessidade absoluta de uma identificação*

gnoseológica entre ser e conhecer; – a lógica identifica-se com a Ontologia; a teoria do ser com a teoria do conhecer (REALE, 1984, p. 81).

Segundo o fenomenalismo, lidamos sempre com o mundo das aparências, com o mundo que aparece com base na organização *a priori* da consciência, e nunca com as coisas em si mesmas. Portanto, a "coisa em si" é incognoscível; o nosso conhecimento está limitado ao mundo fenomênico e esse mundo surge em nossa consciência porque ordenamos e processamos o material sensível segundo as formas *a priori* da intuição e do entendimento.

1.1.3 A possibilidade do conhecimento

As respostas à questão: por que processos se conhece? Situam-se no universo da possibilidade do Conhecimento. O objetivo é fixar certas noções, dando conteúdo rigoroso a cada termo. Destacam-se o Dogmatismo, o ceticismo e o pragmatismo.

1.1.3.1 Dogmatismo

Entende-se por dogmatismo (de dogma = doutrina fixada) a posição epistemológica para a qual não existe ainda o problema do conhecimento. Tem por supostas a possibilidade e a realidade do contato entre o sujeito e o objeto. O sujeito, a consciência cognoscente, apreende o objeto. Há confiança na razão humana.

O dogmático crê que os objetos do conhecimento nos são dados absolutamente, e não meramente, por obra da função intermediária do conhecimento. Os objetos da percepção e os objetos do pensamento são-nos dados em sua maneira, diretamente na sua corporeidade. Como atitude do homem ingênuo, é a posição primeira e mais antiga, tanto psicológica como historicamente.

O contato entre sujeito e o objeto não pode parecer problemático a quem não vê que o conhecimento representa uma relação. E isso é o que acontece com o dogmático. Não vê que o conhecimento é essencialmente uma relação entre um sujeito e um objeto. Crê, pelo contrário, que os objetos do conhecimento nos são dados absolutamente, e não meramente, por obra da função intermediária do conhecimento. O dogmático não vê essa função. E isso se passa não só na terrena percepção, mas também no pensamento. Segundo a concepção do dogmatismo, os objetos da percepção e os objetos do pensamento nos são dados da mesma maneira: diretamente na sua corporeidade.

No primeiro caso, passa-se por cima da própria percepção, mediante a qual unicamente nos são dados determinados objetos; no segundo, por cima da função do pensamento. E o mesmo acontece com o conhecimento dos valores. Também os valores existem pura e simplesmente para o dogmático. O fato de que todos os valores pressupõem uma consciência avaliadora permanece tão desconhecido para ele como o de que todos os objetos do conhecimento implicam uma consciência cognoscente. O dogmático passa por cima, tanto num caso como no outro, do sujeito e da sua função.

Kant julgou dever aplicar a denominação de dogmatismo aos sistemas metafísicos do século XVII (Descartes, Leibniz e Wolff).

> *O dogmatismo tem sido interpretado de várias formas. Kant, por exemplo, considerava dogmáticos todos os adeptos da Metafísica tradicional, porquanto, dizia, haviam tentado resolver o problema do ser, sem colocar, previamente, o problema do conhecimento mesmo. Nesta acepção, portanto, deveríamos considerar dogmáticos todos os pensadores que não situam como problema prévio e prejudicial a indagação do valor e o alcance do próprio conhecimento e,* **a priori**, *confiam nos poderes da razão* (REALE, 1994, p. 119).

Mas esta palavra tem em Kant um significado mais estreito, como se vê pela sua definição de dogmatismo na *Crítica da razão pura*:

> *A crítica [...] é oposta ao dogmatismo, isto é, à pretensão de ir em frente com um conhecimento puro (o conhecimento filosófico) tirado de conceitos segundo princípios tais como aqueles dos quais a razão faz uso desde muito tempo, sem se perguntar sequer com que direito ela chegou a ele. O Dogmatismo é, pois, a marcha dogmática que segue a razão pura sem ter feito uma crítica preliminar de seu poder próprio* (KANT, 2000, p. 26).

1.1.3.2 O ceticismo

"*Extrema se tangunt.*" Os extremos tocam-se. Essa afirmação é igualmente válida no campo epistemológico. O dogmatismo converte-se, muitas vezes, no seu contrário, o ceticismo (σκετεσθαι = enganar, examinar). Enquanto o dogmatismo considera a possibilidade de um contato entre o sujeito e o objeto como algo compreensível por si mesmo, o ceticismo nega esta possibilidade.

Segundo o ceticismo, o sujeito não pode apreender o objeto. O conhecimento, no sentido de uma apreensão real do objeto, é impossível para ele. Portanto, não se deve formular nenhum juízo, mas sim abster-se totalmente de julgar. Enquanto o Dogmatismo desconhece de certo modo o sujeito, o ceticismo não vê o objeto. A sua atenção fixa-se exclusivamente no sujeito, na função do conhecimento que ignora completamente a significação do objeto. A sua atenção dirige-se inteiramente aos fatores subjetivos do conhecimento humano. O ceticismo nega a possibilidade de um contato entre o sujeito e o objeto como algo compreensível por si mesmo. O sujeito não pode apreender o objeto.

O ceticismo não vê o objeto. A sua atenção fixa-se no sujeito, na função do conhecimento, que ignora completamente a significação do objeto. O ceticismo distingue-se por sua posição de reserva e de desconfiança, mesmo quando acolhe, em caráter provisório, certas explicações da realidade.

O ceticismo encontra-se, principalmente, na antiguidade. O seu fundador é Pirrón de Elis (320-270). Segundo ele, não se consegue chegar a um contato do sujeito com o objeto. À consciência cognoscente é impossível apreender o seu objeto. Não há conhecimento. De dois juízos contraditórios, um é, finalmente, tão exatamente verdadeiro como o outro. Isso significa uma negação das leis lógicas do pensamento, especialmente o do princípio de contradição. Pirrón recomenda a abstenção de todo o juízo.

> *O ceticismo é contraditório. Contra o ceticismo em geral, pode-se mostrar que ele não consegue defender-se sem contradição. Se afirma que nada é verdadeiro (ou certo), afirma ao mesmo tempo que ele é verdadeiro (ou certo), e que nada é verdadeiro. Existe, então, alguma coisa de verdadeiro. O cético, para ser lógico consigo mesmo, não deveria falar, nem se mexer sequer, uma vez que toda palavra e todo gesto implicam alguma afirmação. Aristóteles diz muito bem que o cético desceria ao plano de vegetal. O probabilismo não pode justificar-se melhor do que ceticismo total. Porque, no instante em que admita que há coisas mais prováveis do que outras, reconhece que há um critério de verdade segundo o qual se estabelecem os diversos graus de probabilidade. Ora, se existe um critério de verdade, é possível chegar à verdade. Deve-se então concluir de toda esta discussão que o ceticismo não pode defender-se validamente e, até, que ele se destrói ao se afirmar* (JOLIVET, 1965, p. 248-49).

No ceticismo também se poderia distinguir, sempre para fins didáticos, duas modalidades: ceticismo absoluto e ceticismo especial. Na filosofia moderna, encontramos o ceticismo especial. O filósofo francês Montaigne apresenta-se-nos como defensor de um ceticismo ético. David Hume, de um ceticismo metafísico. Em Descartes, que proclama o direito à dúvida metódica, não existe um ceticismo de princípio, mas sim justamente um ceticismo metódico.

> O ceticismo radical já alberga em si mesmo a sua contradição porque se o cético apresenta sua doutrina, é porque afirma ou nega alguma coisa. O cético, no momento em que põe em dúvida a possibilidade de conhecer, já está afirmando algo de que não pode abrir mão, para poder subsistir como cético: – a necessidade de duvidar... O ceticismo radical é, porém, mais uma exacerbação do que uma tendência natural, embora haja sempre céticos quanto a este ou àquele problema da realidade ou da vida. Daí haver céticos no plano teorético, como os há no plano prático. Já tivemos ocasião de ver a atitude de Pascal, cujo ceticismo é ético, procurando, angustiosamente, as bases do agir em uma problematicidade transcendente ou escatológica. [...] É o ceticismo que aparece nas épocas em que a cultura e a civilização perdem consciência de seu próprio destino, ou de seus valores (REALE, 1994, p. 122).

Pode-se falar de tipos de ceticismo. Existe o ceticismo acadêmico, onde é impossível um saber rigoroso. Não se tem nunca a certeza de que os juízos concordem com a realidade. Nunca se pode dizer, pois, que esta ou aquela proposição seja verdadeira; mas pode-se afirmar que parece ser verdadeira, que é provável. Não existe, portanto, certeza rigorosa, mas somente probabilidade. Existe, também, o ceticismo radical ou absoluto. Afirma que o conhecimento é impossível. Mas com isso exprime já um conhecimento. Por consequência, considera o conhecimento como possível de fato e, no entanto, afirma simultaneamente que é impossível. O ceticismo cai, pois, numa contradição consigo mesmo. O cético poderia, sem dúvida, recorrer a um subterfúgio. Poderia considerar o juízo "o conhecimento é impossível" duvidoso, dizendo, por exemplo: "não há conhecimento e mesmo isto é duvidoso". Mas, da mesma forma, exprimiria um conhecimento: o de que é duvidoso que haja conhecimento.

O ceticismo metafísico é também chamado de positivismo. Segundo esta posição, que remonta a Augusto Comte (1798-1857), devemos nos limitar ao positivamente dado, aos fatos imediatos da experiência, fugindo de toda especulação metafísica. Só há um conhecimento e um saber, aquele que é próprio das ciências especiais, mas não um conhecimento e um saber filosófico-metafísico.

1.1.4 As questões acerca das formas do conhecimento

Em relação às questões acerca das formas do conhecimento, destacaremos um breve comentário sobre a intuição e a analogia. A indução e a dedução destacaremos no Capítulo 2 como métodos.

1.1.4.1 A intuição

Etimologicamente, *intuição* (do latim *intuitio: tueri* (Ver) – *in* (em)) quer dizer ação de ver diretamente, dentro das coisas, ou também contemplar a imagem refletida por um espelho. Designa, em geral, o modo de conhecimento imediato, quer se trate de contemplação de algo imediatamente presente, isto é, um conhecer sem intermediário, quer signifique a penetração no interior de uma realidade enquanto existente, ou ainda o conhecimento instantâneo. Todos esses aspectos qualitativos do ato de conhecer se encontram incluídos na intuição. Daí o uso variado desse termo no campo filosófico e psicológico.

Natureza da Intuição

Definindo a intuição, em sentido restrito, como conhecimento imediato do objeto no seu ser presente, surgem-nos, como seus elementos essenciais, em primeiro lugar, a apreensão de algo individual existente no objeto conhecido; e, em segundo lugar, a não intervenção de conteúdos cognoscitivos alheios, no papel de intermediários. Por isso, a intuição opõe-se tanto à abstração (pelo fato de esta prescindir da presença viva da coisa conhecida) como ao raciocínio (conhecimento discursivo), que envolve sempre, no seu processo, outros conteúdos cognoscitivos.

Dada a estreita relação entre a evidência (que é o necessário fundamento lógico da certeza) e a intuição e tendo em conta a sua maior objetividade (enquanto presença direta do objeto de conhecimento), segue-se que a intuição ocupa o primeiro grau na perfeição do conhecer, constituindo o saber primário o modo mais perfeito com relação ao qual se qualifica todo o ato de conhecer.

Espécies da Intuição

Tratando-se de uma qualidade ou modo de conhecer, uma vez que, no conhecimento humano, se podem distinguir claramente dois níveis irredutíveis, o sensível (ou sensorial) e o inteligível (ou intelectual), devemos também considerar dois tipos de intuição, correspondentes aos dois planos cognoscitivos: a intuição sensível ou sensorial e a intuição inteligível ou intelectual.

A intuição sensível (ligada aos órgãos do corpo e limitada às manifestações do mundo chamado material), apesar da sua relação particular com a vista, como sentido primário do homem, conota, igualmente e por extensão, o ato dos outros sentidos, sobretudo externos ou perceptivos. Designa, pois, em sentido pleno, a percepção imediata (enquanto esta coapresenta, nos fenômenos sensoriais, a existência individual) e, em sentido derivado, a representação (ou ação dos sentidos internos, também chamados reprodutivos), pelo fato de esta ser formada a partir dos elementos intuitivos da percepção. Esta intuição sensível, embora não signifique senão o início do conhecimento humano, reveste-se de grande importância no processo subsequente de elaboração dos conteúdos intelectuais, mantendo-se o pensamento praticamente sempre unido a ela.

Segundo Reale (1990, p. 96), o processo primordial de conhecimento imediato é-nos dado pela intuição sensível, que marca o contacto do sujeito cognoscente com algo, graças às impressões dos sentidos e à percepção.

A intuição inteligível, em sentido próprio, compreende a visão do ser (em oposição ao aparente ou fenomenológico), a sua apreensão e a compreensão nos seus fundamentos. No caso concreto do conhecimento dos seres materiais, será o penetrar no seu núcleo essencial, desde o qual se contemplam os fenômenos. Por isso mesmo, só um espírito puro pode possuir tal intuição, que fica, desse modo, fora do alcance do entendimento humano. Contudo, pode falar-se, ainda que não no sentido amplo, de uma intuição no conhecimento intelectual humano, na medida em que este participa de alguns traços essenciais à intuição intelectual.

É sobretudo o caso da compreensão dos atos espirituais do pensar e querer, os quais se manifestam imediatamente como algo existente, embora essa manifestação não se faça em visão direta. Mas também se poderá qualificar de intuitivo o conhecimento intelectual na medida em que a sua estreita ligação com os modos intuitivos de apreensão dá ao conceito uma certa intuitividade, e pelo fato de seus objetos serem apreendidos imediatamente, sem intervenção do raciocínio.

1.1.4.2 A analogia

Do grego αναλογια, que significa "*segundo o mesmo* λογοσ", e que Cícero traduziu por *proportio*. Apesar de Boécio ter adotado o vocábulo latino, foi a palavra grega que prevaleceu na linguagem filosófica. No sentido mais geral, analogia significa proporção, relação, semelhança.

O homem relaciona instintivamente as coisas entre si, pensa espontaneamente por imagens, comparações e metáforas, cria símbolos, mitos, alegorias, parábolas para traduzir as experiências mais fundamentais da existência humana e da sua situação no mundo.

Exprime a intuição vaga e imprecisa das realidades transcendentes por meio de conceitos e experiências vividas, que as elevam e transpõem para um nível superior de significação, convencido de que assim atinge e comunica, de algum modo, a realidade que lhe foge. Esse sentido de distância que separa e de comunidade que une todas as coisas mundanas e extramundanas entre si pertence à estrutura originária do pensamento humano.

A história das religiões conhece a magia, ritos, sacramentos etc., cuja explicação busca na linha da analogia. A Biologia procede por analogia quando unifica formas orgânicas diferentes sob a unidade analógica da função. A História da Cultura agrupa culturas diversas, baseada no seu paralelismo morfológico. As hipóteses científicas nascem de uma relação analógica. Sem referências religiosas ou metafísicas, a lógica contemporânea conserva a Analogia. São as analogias formais condicionadas pelo caráter transitivo das relações, como, por exemplo, X depende de Y, Y depende de Z, logo X depende de Z.

Essa analogia só vale para as relações transitivas. A lógica e a metodologia contemporânea entendem a analogia como igualdade de relações, como, por exemplo, na construção de modelos, e usam-na largamente na elaboração de teorias. Melhor dizendo, a analogia integra as hipóteses e teorias. Subjacente a todas essas formas de conhecimento e de expressão e prendendo os diversos termos, está a relação de analogia que fundamenta a proporção e a semelhança entre as coisas.

1.1.4.3 A indução

É próprio do espírito humano não se contentar com os conhecimentos adquiridos. Tem duas maneiras de prosseguir: recorrer à experiência ou pensar sobre os dados que possui. Na dedução, o espírito passa de um conjunto de enunciados, as premissas, a um novo enunciado, a conclusão: esse enunciado é novo quanto à forma, mas o seu conteúdo encontra-se já nas premissas. Em sentido amplo, a indução é o processo que justifica a passagem a uma conclusão mais rica do que as premissas. Desde o sentido amplo, onde o espírito humano é essencialmente indutivo, pois demanda o universal e o necessário, disse-o Platão com força inigualada.

Aristóteles diz que a ciência se obtém por dedução, a partir de princípios, mas que os princípios – que são juízos universais e necessários – se obtêm por indução. Em vários passos das suas obras, Aristóteles insiste sobre a importância desse processo; apresenta-o como a passagem dos casos particulares ao universal.

Devemos, pois, apreender com um olhar penetrante e descrever com exatidão esse fenômeno peculiar de consciência, que chamamos de método.

2 Dedução, indução e inferência

A indução e a dedução são, antes de mais nada, formas de raciocínios ou argumentação e, como tais, são formas de reflexão e não de simples pensamento.

O pensamento alimenta-se da realidade externa e é produto direto da experiência. O ato de pensar se caracteriza por ser dispersivo, natural e espontâneo. A reflexão, porém, requer esforço e concentração voluntária. É dirigida e planificada. A conclusão de raciocínio constitui o último elo de uma cadeia no processo agumentativo, a fase final de um ciclo de operações que se condicionam necessariamente. Frequentemente, prefere-se pensar os problemas em vez de raciocinar sobre eles, confundindo a divagação com a reflexão sistemática. Já o raciocínio é algo ordenado, coerente e lógico, podendo ser dedutivo ou indutivo.

2.1 O método dedutivo

Do latim (de + *ducere*, "extrair", "diminuir"). Raciocínio pelo qual, de uma ou mais proposições conhecidas (antecedentes), se conclui necessariamente uma proposição desconhecida (consequente), nelas, de algum modo, incluída e implicada. A necessidade da consequência não se funda apenas numa simples relação de extensão (geral-particular), mas numa relação mais profunda, de implicação ou compreensão (natureza-propriedades). A dedução abrange, desse modo, todo e qualquer movimento em que o espírito desce ou passa não só do gênero à espécie (homogêneo), mas ainda, e com maior frequência, dos princípios às consequências, das causas aos efeitos, do simples ao composto (heterogêneo), podendo assim obter-se uma conclusão tão geral ou mais geral do que as premissas.

Nesse sentido, a dedução identifica-se com o silogismo. Silogismo é o raciocínio segundo o qual, colocadas certas proposições, outras diferentes as seguem necessariamente, só pelo fato de serem colocadas. O papel do silogismo reduz-se, na verdade, pela sua própria estrutura, a tornar evidente a derivação necessária da conclusão a partir das premissas, de tal modo que seria contraditório negar aquela, admitindo estas. O silogismo constitui a expressão mais perfeita do raciocínio dedutivo, ao qual se podem reduzir todas as formas possíveis de dedução.

A dedução é a argumentação que torna explícitas verdades particulares contidas em verdades universais. O ponto de partida é o antecedente, que afirma uma verdade universal, e o ponto de chegada é o consequente, que afirma uma verdade menos geral ou particular, contida implicitamente no primeiro.

A técnica dessa argumentação consiste em construir estruturas lógicas através do relacionamento antecedente e consequente, entre hipótese e tese, entre premissa e conclusão. O cerne da dedução é a relação lógica que se estabelece entre proposições, dependendo o seu vigor do fato de a conclusão ser sempre verdadeira, desde que as premissas também o sejam. Assim admitindo as premissas, deve-se admitir também a conclusão, isto porque toda a afirmação ou conteúdo factual da conclusão já estava pelo menos implicitamente nas premissas.

O processo dedutivo, por um lado, leva o pesquisador do conhecido ao desconhecido com pouca margem de erro, mas, por outro lado, é de alcance limitado, pois a conclusão não pode possuir conteúdos que excedem o das premissas. Concluir daí que a dedução é infrutífera e estéril é não perceber seu verdadeiro significado. Para desfazer tal impressão, basta ver, por exemplo, o procedimento do matemático. Seus argumentos, em sua maioria, são dedutivos.

Exemplos comuns podem ser recolhidos da Geometria Euclediana do plano. Na Geometria, os teoremas são demonstrados a partir de axiomas e postulados. O método de demonstração é deduzir os teoremas (conclusão) dos axiomas e postulados (premissas). O método da dedução garante que os teoremas devem ser verdadeiros se são verdadeiros os axiomas e os postulados.

Embora o conteúdo dos teoremas já esteja fixado nos axiomas e postulados, esse conteúdo está longe de ser óbvio. É verdadeiramente iluminadora a tarefa de tornar explícito o conteúdo de axiomas e postulados.

Como regras gerais quanto à validade das conclusões do processo dedutivo, são apontadas duas: da verdade do antecedente segue-se a verdade do consequente. Da falsidade do antecedente pode seguir-se a falsidade ou a veracidade do consequente. No raciocínio dedutivo, a conclusão ou consequente está nas premissas ou antecedente, como a parte no todo.

2.2 O método indutivo

O propósito básico dos argumentos, seja dos dedutivos ou indutivos, é obter conclusões verdadeiras a partir de premissas verdadeiras. Se isto ocorre nos argumentos dedutivos, o mesmo já não acontece com os indutivos, pois o seu objetivo é levar a conclusões cujo conteúdo é muito mais amplo que os das premissas. Para atingir esse objetivo, a indução sacrifica esse caráter de necessidade que os argumentos dedutivos possuem. Mesmo não se podendo garantir que a conclusão de um argumento indutivo seja verdadeira, quando as premissas o são, pode-se afirmar que as premissas de um argumento indutivo correto sustentam ou atribuem verossimilhança a sua conclusão. Assim, quando as premissas são verdadeiras, o melhor que se pode dizer é que sua conclusão é, provavelmente, verdadeira. A fragilidade do raciocínio indutivo é amplamente discutida por Karl Popper. Para Popper, não há observação sem uma teoria que a oriente.

Para Popper todo o conhecimento é falível e corrigível, virtualmente provisório. O conhecimento científico é criado, construído e não descoberto em conjuntos de dados empíricos. A refutabilidade demarca a ciência da não ciência e a atitude de colocar sob crítica toda e qualquer teoria permite o aprimoramento do conhecimento científico. Todo o nosso conhecimento é imperfeito, estando sempre sujeito a revisões críticas; qualquer mudança na sociedade deverá ocorrer de maneira gradual para que os erros possam ser corrigidos sem causar grandes danos.

Na indução, a conclusão está para as premissas como o todo está para as partes. De verdades particulares, concluem-se verdades gerais. O argumento indutivo se baseia na generalização de propriedades comuns a certo número de casos, até agora observados, a todas as ocorrências de fatos similares que se verificam no futuro. O grau de confirmação dos enunciados induzidos depende das evidências ocorrentes.

A indução e a dedução são processos que se complementam. Por isso, a indução reforça-se bastante pelos argumentos dedutivos extraídos de outras disciplinas que lhes são correlatas ou afins. Na prática, recorre-se a esses instrumentos para demonstrar a verdade das proposições submetidas à análise.

Para que as conclusões da indução sejam verdadeiras o mais frequentemente possível, tenham um maior grau de sustentação, podem-se acrescentar ao argumento evidências adicionais, sob forma de premissas novas que figuram ao lado das premissas inicialmente consideradas.

Não é, entretanto, a repetição da experiência ou o grande número de observações ou experiências que conduz à conclusão. Basta uma experiência para autorizar a concluir do fenômeno para a lei. Se for repetida a experiência, não é por desconfiar do raciocínio, mas pelo temor de haver engando quanto aos resultados da experiência. Basicamente, a repetição é uma simples verificação da primeira prova e não uma condição necessária da indução.

A indução formal, equivalentamente ao inverso da dedução, é submetida unicamente às leis do pensamento, tendo como ponto de partida todos os casos de uma espécie ou de um gênero e não apenas alguns casos. Nesse tipo de indução, não há propriamente uma inferência, mas uma simples substituição de uma coleção de termos particulares por um termo equivalente. Esse processo é indutivo apenas na forma, visto que realmente passa do mesmo ao mesmo por ser soma das partes igual ao todo. É este o motivo pelo qual indução formal é pouco utilizada.

A indução científica é o raciocínio pelo qual conclui-se de alguns casos observados pela espécie que os compreende a lei geral que os rege. Ou, é o processo que generaliza a relação de causalidade descoberta entre dois fenômenos e da relação conclui a lei. Esta espécie de indução é a alma das ciências experimentais. Sem ela a ciência não seria outra coisa senão um repositório de observação sem alcance.

Deve-se recorrer a algum princípio que se dê às verdades induzidas o caráter de necessidade e generalidade que as torne independentes de tempo e de espaço. Esse princípio é o princípio das leis. Formula-se de várias maneiras: a natureza rege-se por leis – as causas de maneira uniforme – e as mesmas causas produzem os mesmos efeitos – toda relação de causalidade é constante.

O raciocínio indutivo pode-se exprimir sob forma de um silogismo em que o princípio das leis é a premissa maior. Não é do número necessariamente restrito dos fatos observados que se infere a generalidade e a constância da relação, como algumas vezes se objeta, mas do princípio formulado na premissa maior, que assegura que, sendo todas as relações da causalidade constantes, também o será o que foi descoberto.

A indução possui as seguintes regras: (i) deve-se estar seguro de que a relação que se pretende generalizar seja verdadeiramente essência, isto é, relação causal quando se trata de fatos, ou relação da coexistência necessária de duas formas, quando se trata de seres ou coisas. Assim sendo uma relação de dependência necessária a que une o calor à dilatação, tem-se o direito de gerenciar a lei segundo a qual o calor sempre dilata os corpos; (ii) é necessário que os fatos, a que se estende a relação, sejam verdadeiramente similares aos fatos observados e, principalmente, que a causa se tome no sentido total e completo.

As leis científicas que o processo indutivo alcança são, nas palavras de Monstesquieu, as relações constantes e necessárias que derivam da natureza das coisas. As leis exprimem quer relação de existência ou de coexistência, relações de causalidade ou de sucessão, quer relações de finalidade.

As leis possuem mais rigor e exatidão nas ciências experimentais que nas ciências humanas, pois enquanto estas estão condicionadas, mais ou menos, à liberdade humana, aquelas seguem o curso fatal do determinismo da natureza. Desse fato, entretanto, não se pode concluir que as ciências humanas se constituem em simples opiniões mais ou menos viáveis.

As ciências humanas apresentam todas as condições para se constituírem em ciência, pois os fenômenos que estudam são reais e distintos dos tratados nas ciências experimentais; as causas e leis descobertas nesta área exprimem relações necessárias entre os fatos e entre os atos e suas conclusões têm um caráter incontestável de certeza, embora de ordem diferente da certeza das ciências experimentais.

2.3 Inferência

Pode-se tomar a inferência como equivalente ao raciocínio. Pela inferência o espírito é levado a tirar conclusões, a partir de premissas conhecidas. Inferir é, pois, tirar uma conclusão de uma ou várias proposições dadas nas quais está implicitamente contida.

A inferência é imediata quando se chega à proposição nova sem intermediários, e é mediata quando há intermediários.

Na inferência imediata as proposições a que se pode chegar a partir de uma proposição dada, seguindo as leis da oposição das prosiões, são obtidas por meio da inferência imediata. Há ainda inferência imediata ao se converter uma proposição dada em uma proposição nova, igualmente verdadeira.

A inferência mediata é a que se opera mediante um termo de comparação ou termo médio. As inferências mediatas podem ser indutivas ou dedutivas. Assim, todas as conclusões a que se chega pelo raciocínio dedutivo ou indutivo têm por base inferências mediatas.

A inferência é uma operação mental que leva a concluir algo, a partir de certos dados ou antecedentes. É uma extensão do conhecimento. É uma passagem do conhecido ao não conhecido, implica numa espécie de saldo dos dados estabelecidos e verdades aceitas para novas verdades com elas relacionadas. Este salto recebe sua justificação da validade do antecedente e da continuidade lógica que a inteligência crê descobrir, entre os fenômenos explicados e os fenômenos novos.

A esta transposição do conhecido ao desconhecido dá-se o nome de ilação. A inferência ou ilação é o instrumento com o qual os cientistas conseguem generalizar suas descobertas referentes aos fenômenos observados e explicados, em forma de leis ou fórmulas.

3 Métodos para produção do conhecimento

No propósito de aprofundar e ampliar os estudos sobre a importância do método para a produção do conhecimento, esta proposta, de caráter teórico, toma alguns métodos, enquanto procedimentos de investigação ordenados e autocorrigível, como o conjunto de categorias em operação, multiplicidade qualitativas, necessariamente vinculadas entre si.

Esta pesquisa capta, com todo o detalhamento e rigor, o problema investigado, procura analisar as suas diversas formas de desenvolvimento e descobrir a sua ligação interna.

3.1 Método fenomenológico

A fenomenologia, *Phänomenologie*, é o estudo ou a ciência do fenômeno. Tornou-se conhecida como termo que assinala uma postura filosófica específica preconizada por Edmund Husserl.

Se nos atermos à etimologia, qualquer um que trate da maneira de aparecer do que quer que seja, qualquer um, por conseguinte, que descreva aparência ou aparições, faz fenomenologia (RICOEUR, 1953).

Pode-se afirmar que a fenomenologia é um método, é o caminho da crítica do conhecimento universal das essências. É o caminho que tem por meta a constituição da ciência da essência do conhecimento ou doutrina universal das essências.

Historicamente, o discípulo de Chistian Wolff, Lambert, foi o primeiro a usar o termo *fenomenologia* a partir de sua obra *Novo Órganon* (1764), onde entende por fenomenologia a teoria da ilusão sob suas diferentes formas. Kant retoma o termo numa carta a Lamvert, onde chama de *phaenomenollogia generalis* como a disciplina propedêudica que deve preceder à metafísica. Pode-se considerar que a crítica kantiana não é senão uma fenomenologia crítica.

Com Hegel o termo *fenomenologia* entra na tradição filosófica. A fenomenologia é uma filosofia do absoluto ou do espírito. Hegel mostra que o Absoluto está presente em cada momento da experiência humana, ou seja, na experiência religiosa, estética, jurídica, política ou prática.

Na filosofia, o iniciador desse movimento não foi Hegel, mas Edmund Husserl, que traz à tona um novo conteúdo ao termo *fenomenologia*. Husserl substitui uma fenomenologia limitada por uma ontologia impossível e outra que ultrapassa a fenomenologia por uma fenomenologia que dispenda a ontologia como disciplina.

> *No fundo, a fenomenologia nasceu no momento em que, colocando entre parênteses – provisória ou definitivamente – a questão do ser trata-se como um problema autónomo a maneira de aparecer das coisas. Há fenomenologia rigorosa a partir do momento em que essa dissociação é refletida por ela mesma qualquer que seja seu destino definitivo; ela recai ao nível de uma fenomenologia banal e diluída no momento em que o ato de nascimento que faz surgir o aparecer às custas do ser ou tendo como fundo o ser não é de nenhum modo percebido nem tematizado: sob o nome de fenomenologia não se faz mais que uma apresentação popular de opiniões, de convicções, sem tomar partido a seu respeito. Isto significa que a perspectiva filo-*

sófica é essencial à constituição de uma fenomenologia que se quer rigorosa (RICOEUR, 1953, p. 821).

Toda a vida filosófica de Husserl é dominada pelo sentimento de uma crise da cultura. Para Merleau-Ponty a fenomenologia nasceu de uma crise e sem dúvida também que essa crise é ainda a nossa.

A fenomenologia se apresentou desde o seu início como uma tentativa para resolver um problema que não é o de uma seita: ele se colocava desde 1900 a todo o mundo, ele se coloca ainda hoje. O esforço filosófico de Husserl é, com efeito, destinado em seu espírito a resolver simultaneamente uma crise da filosofia, uma crise das ciências do homem e uma crise das ciências pura e simplesmente, da qual ainda não saímos (RICOEUR, 1953, p. 821).

A fenomenologia é a tentativa de resgate do contato original com o objeto perdido em sofisticadas especulações abstratas ou em reduções matemáticas e quantificadoras do campo de vivência do ser humano, enquanto ser cognoscente. Ela tem uma história, porém, ela sempre tem que começar de novo porque não se contenta com os conhecimentos descobertos e guardados no passado visando em primeiro lugar à compreensão nova e atual.

Brentano e Edmund Husserl (1859-1941) podem ser identificados como precursores e fundadores da Fenomenologia de Heidegger e Merleau-Ponty. O fenomeno não pode ser conservado, ele tem que ser visto sempre de novo. A fenomenologia constitui a análise intuitiva ou direta, vivencial e afetiva, não necessariamente racional, das manifestações humanas.

Husserl fundamenta o método fenomenológico no princípio de que as revoluções realmente profundas na Filosofia provêm de uma revolução do método. O método fenomenológico é uma retomada constante de princípios e perspectivas, uma perpétua recolocação em questão de pressupostos.

O conhecimento da realidade essencial dos fenômenos e a possibilidade desse conhecimento foi preocupação constante da filosofia até princípios do século XX, quando a fenomenologia deixou de olhar para os elementos exteriores que cercam os fenômenos e passou a considerá-los em si mesmos, por seu reflexo na consciência, como única maneira de apreendê-los.

Fenomenologia é o estudo dos fenômenos em si mesmos, independentemente dos condicionamentos exteriores a eles, cuja finalidade é apreender sua essência, estrutura de sua significação. É também um método de redução, pelo qual o conhecimento factual e as suposições racionais sobre os fenômenos como objeto, e a experiência do eu, são postas de lado, para que a intuição pura da essência do fenômeno possa ser rigorosamente analisada. É o estudo dos fenômenos, distinto do estudo do ser, ou ontologia.

Na história da filosofia, a fenomenologia tem três significados especiais. Na segunda metade do século XVIII, era sinônimo de "teoria das aparências", expressão cunhada pelo filósofo Jean-Henri Lambert para distinguir a aparência das coisas do que elas são em si mesmas. Com Hegel, em *Phänomenologie des Geistes* (1807; *Fenomenologia do espírito*), é uma espécie de lógica do conteúdo e uma introdução à filosofia, história das fases sucessivas, das aproximações e das oposições pelas quais o espírito se eleva da sensação individual à razão universal, ou, para usar sua fórmula: "é a ciência da experiência que faz a consciência".

Foi com Husserl que a palavra ganhou, nas primeiras décadas do século XX, o significado de que hoje se reveste de estudo dos fenômenos em si mesmos, que visa à evidência primordial, e de denominação de um movimento que influiu de modo significativo no pensamento filosófico dessa época.

A fenomenologia husserliana é uma meditação sobre o conhecimento. Considera que aquilo que é dado à consciência é o fenômeno (objeto do conhecimento imediato). Esse fenômeno só aparece numa consciência; portanto, é a essa consciência que é preciso interrogar, deixando de lado tudo o que lhe é exterior. A consciência, para Husserl, só pode ser entendida como intencional, isto é, não está fechada em si mesma, mas define-se como uma certa maneira de perceber o mundo e seus objetos. Mostrar os diversos aspectos pelos quais a consciência percebe esses objetos e sob os quais eles lhe aparecem, o que a sua presença supõe, constitui o estudo e o objetivo essencial da fenomenologia.

Para Husserl, portanto, a tarefa da filosofia é a pesquisa, exame e descrição do fenômeno, como conteúdo da consciência. Trata-se de uma mudança radical de sentido na orientação filosófica, antes voltada para as coisas, para o mundo exterior, e que com ele passou a interessar-se pela consciência, pelo mundo interior. Assim, por exemplo, se alguém vê as folhas de uma palmeira serem agitadas pelo vento, essa experiência é, toda ela, um fenômeno interior, que se passa essencialmente dentro da consciência. Os objetos exteriores são apenas condições para que se crie a percepção, a vivência desse fenômeno interior. A fenomenologia se prende, por meio da atitude reflexiva, nesses fenômenos ou estados da consciência e prescinde da realidade exterior das coisas, ou como diz Husserl, coloca-se entre parênteses. É o que ele chama de *epokhé*, ou seja, o ato de liberar a atenção do exterior para que ela se detenha na análise da vivência ou experiência pura.

A fenomenologia é, portanto, uma descrição daquilo que se mostra por si mesmo, de acordo com o "princípio dos princípios": toda intuição primordial é fonte legítima de conhecimento. Situa-se como anterior a toda crença e juízo e despreza todo e qualquer pressuposto: mundo natural, senso comum, proposição científica ou experiência psicológica.

Essa mudança de orientação teve grande importância para a filosofia, pois a eximiu de cuidar da explicação do mundo e das coisas. A ciência é que explica o mundo e seus aspectos acessíveis à nossa experiência. Ao voltar-se para o conteúdo ou para o fenômeno existente na consciência, a fenomenologia encontrou um objeto que a capacita a transformar-se em ciência autêntica, como pretendia seu fundador. Esse conteúdo é antes suscetível de descrição do que de medida. Fazer tal descrição é a tarefa dessa filosofia.

Os críticos da obra de Husserl dividem-se em dois grupos principais. De um lado estão os que, como os neokantianos, concordam em que a fenomenologia se realizou como perspectiva ontológica; do outro, os que sustentam que ela significou apenas uma tomada de posição epistemológica, como Nicolaio Hartman. Em outras palavras, os que admitem ser ela uma perspectiva do ser, e os que a consideram apenas como uma investigação do conhecer.

Em seus primeiros escritos, Husserl não põe em dúvida a existência dos objetos independentemente dos atos mentais. Mais tarde, introduz a noção problemática de uma redução transcendental fenomênica, mediante a qual se descobre o ego (o eu) transcendental, diferente do ego fenomênico da consciência ordinária. Em consequência, Husserl passa de um realismo primitivo a uma modalidade de idealismo kantiano. Sua influência foi muito profunda, em especial entre os existencialistas (Martin Heidegger, Jean-Paul Sartre, Maurice Merleau-Ponty), que, apesar de se considerarem fenomenologistas, preocupavam-se mais com a ação do que com o conhecimento.

Em psicologia, fenomenologia é um método de descrição e análise desenvolvido a partir da fenomenologia filosófica, aplicado à percepção subjetiva dos fenômenos e à consciência, em especial nos campos da psicologia da Gestalt, análise existencial e psiquiátrica.

Este método caracteriza-se, antes de tudo, por uma preocupação em dar uma descrição pura da realidade, do fenômeno. O fenômeno não é uma aparência mais ou menos duvidosa. O fenômeno é aquilo que se oferece ao olhar intelectual, à observação pura. É preciso partir daquilo que podemos ver e alcançar diretamente quando nos deixamos de deslumbrar por preconceitos nem desviar do próprio fenômeno. É necessário orientar-se para as próprias coisas, interrogá-las na sua própria maneira de se oferecerem ao pensador.

Aceita-se somente, com este método, um conhecimento necessário, não aceitando nenhuma outra conclusão que não seja verificável ou absolutamente válida para todos os homens e todas as épocas. O absoluto só pode ser o ser essencial da coisa, tal como se apresenta na sua realidade.

O método fenomenológico não se orienta para fatos, sejam externos, sejam internos, e, sim, para a realidade da consciência, para os objetos enquanto intencionados pela consciência e nela, isto é, para as essências ideais, que não são simples representações e, sim, fenômenos, isto é, aquilo que se manifesta imediatamente na consciência, alcançado por uma intuição antes de toda reflexão ou juízo a tal respeito. Diante dos fenômenos o método deve descrevê-los, tais como se manifestam, como dados puros e simples da consciência, como significados. A tarefa do método fenomenológico consiste em torná-los visíveis e aparentes como tais.

A concepção filosófica de Husserl compreende-se como tentaviva de resgatar o significado original da filosofia, que na Grécia determinou a sua tarefa dentro da dicotomia opinião (doxa) e verdade (episteme). A filosofia começa quando o pensamento atenta para as suas limitações pelas circunstâncias e se abre para uma investigação imparcial daquilo que aparece (fenômeno).

O que interessa agora não é mais o objeto em relação a esta ou aquela circunstância e tampouco em relação a este ou aquele interesse particular, mas sim o fenômeno (*das Erscheinende*) enquanto fenômeno (*als Erscheinende*). É uma contemplação desinteressada cujo fim é a própria evidência do fenômeno. É a visão das coisas não limitada pelos parâmetros da subjetividade. A fenomenologia é a intenção de transgredir a doxa para chegar à episteme. O fenômeno se mostra em sua concretude (*Bestimmtheit*), o que me leva a uma evidência que permance como referência intencional para as minhas ações futuras.

O método fenomenológico procura, num primeiro momento, reportar-se às vivências originárias pré-filosóficas e fundamentar-se em algo realmente vivenciado para, num segundo momento, transcendê-las rumo a uma visão mais abrangente.

A fenomenologia não se contenta com a descrição das vivências originárias, ela se fundamenta nela. Mas prossegue em direção à intelecção do que, na multiplicidade dos fenômenos manifestos, se mostra como a essência do fenômeno (redução eidética).

O método fenomenológico de Husserl analisa um conteúdo da consciência, vai reduzindo os seus elementos pelo processo da readução eidética, uma espécie de abstração, até reter o elemento essencial e absoluto. A redução eidética é um pôr de lado, é um pôr entre parêntesis. Portanto, o método colocará em parênteses, reduzirá a dimensão existencial das coisas para dirigir-se à essência.

A redução é necessária para se chegar à evidência rigorosa ou apodítica, pois a percepção nunca é uma manifestação adequada do objetivo por mais perfeita que seja.

Este método não considera o fenômeno apenas no campo sensorial. Ele se torna análise da constituição do objeto. A análise da constituição do objeto como manifestação para a intencionalidade da consciência é reflexão. A fenomenologia tenta superar a perda da referencialidade intencional no âmbito das ciências objetivantes.

Em termos de conclusão pode-se afirmar que o termo *fenomenologia* deriva do étimo grego "fenômenon", que é o particípio passado do verbo *fainomai*, aparecer. Um fenômeno é algo que aparece, e fenomenologia será a ciência daquilo que aparece. É a descrição e a análise daquilo que se apresenta que aparece aos nossos sentidos. É a observação, descrição, análise do sensível. Percebe-se que a partir de Hegel e depois com Edmund Husserl, a noumenologia assume aspectos fenomenológicos. A intenção de Edmund Husserl era levar a própria filosofia a realizar a sua aspiração de converter-se na disciplina fundamental e justificadora de todas as ciências. Husserl afirma nas *Meditações cartesianas* (1.44) que:

Primeiramente, quem pretende seriamente se tornar filósofo deve uma vez na vida recolher-se dentro de si e procurar derrubar e reedificar de novo todas as ciências que antes aceitava. Filosofia – sabedoria – é o assunto mais específico do filósofo. Ela deve surgir como a sua sabedoria, como o seu conhecimento autoadquirido, orientado para a universalidade, conhecimento pelo qual ele pode responder desde o primeiro momento e a cada passo, por força de suas próprias intuições absolutas. Se decidi viver com esse objetivo como meta – a única decisão que pode me colocar no caminho de um desenvolvimento filosófico – devo começar numa pobreza absoluta, por uma falta absoluta de conhecimento. Assim começando, obviamente uma das primeiras coisas que devo fazer é refletir sobre como encontrar um método para poder prosseguir, um método que possa levar ao conhecimento genuíno.

3.2 Método analógico

O método analógico é baseado na comparação de coisas ou fatos diferentes, mas com certa semelhança. É o conhecimento de um ser por sua relação com outro distinto.

O conhecimento de um ser é, pois, inserido e esclarecido comparando-o com outro diferente. Supondo-se que o ser com que se vai fazer a comparação seja sempre mais conhecido que o outro que se quer conhecer. Entre ambos deve haver, ao mesmo tempo, coincidência e diversidade.

Sem coincidência não há possibilidade de comparação e sem diversidade e comparação não passa de uma repetição, sem esclarecer nada. Assim, não pode haver analogia entre os termos ou conceitos equívocos, porque lhes falta certa coincidência; nem entre os termos ou conceitos sinônimos ou unívocos, porque lhes falta diversidade e coincidem completamente em seus conteúdos.

Toda metáfora se baseia em certa analogia. Há diversas espécies de analogias: natural, jurídica, filosófica, teológica, filológica.

O metódo analógico se aplica a todas as ciências, contribuindo para esclarecer e inferir conceitos, quando não consegue fazê-lo nem pela demonstração dedutiva, nem pela experiência indutiva, nem tão pouco são objetos de testemunho autoritativo.

A analogia pode ser essencial quando a relação ou semelhança está baseada na essência ou natureza mesma das coisas e pode ser acidental ou secundária, quando a relação ou semelhança está apenas baseada nos fenômenos e não na natureza das coisas. Podemos dizer que é um método horizontal, ou seja, que vai de um ser diferente para outro ser diferente, mas que estão no mesmo plano por sua semelhança ou coincidência, que se permite compará-lo entre si.

Na história da filosofia, um dos textos mais interessantes no mundo ocidental é a *República* de Platão. Nesta obra, o Sócrates de Platão articula sua teoria da *polis* justa como uma analogia da justiça da alma ou da mente humana (*República* 368b-369b). O presente texto está cheio de analogias. Na alegoria da Caverna, Platão tenta transmitir a natureza da realidade transcendente comparando-a ao sol. No mesmo sentido, na Idade Média, Tomás de Aquino (1224-1274) sustentava que, embora sejamos incapazes de exprimir a natureza de Deus literalmente na linguagem, é possível, no entanto, atribuir propriedades como "bom" e "uno" a Deus por meio de um processo denominado predicação analógica.

As analogias possibilitam que envolvamos nossa imaginação no pensamento filosófico. David Hume, pensador do século XVIII, afirma que "todos os nossos raciocínios concernentes a questões de fato fundam-se numa espécie de analogia" (*Investigações acerca do entendimento humano*, 82). Na concepção kantiana a analogia torna possível a representação das conexões necessárias entre as percepções na experiência comum.

Todas as ciências estão cheias de conhecimentos analógicos, mas principalmente as filosóficas e teológicas. Quase todo conceito não diretamente experimental e sensível é analógico, tanto no seu conceito em si, como no seu próprio termo. O raciocínio das ciências empíricas faz uso de analogias. Sempre que nos deparamos com um fenômeno novo e o explicamos recorrendo a uma lei geral fundada em experiências passadas, estamos nos apoiando na hipótese de que o novo fenômeno é análogo àqueles ocorridos no passado.

3.3 Método estruturalista

A abordagem estruturalista dos fenômenos se baseia em duas relações principais de oposição: a primeira delas se dá entre o histórico e o atemporal; a outra, entre o voluntário e o contingente. Corrente de pensamento que se caracteriza pela oposição à compartimentação do conhecimento em capítulos heterogêneos, o estruturalismo surgiu no começo do século XX e foi incorporado ao método de diversas disciplinas humanísticas, como a linguística, crítica literária, antropologia, psicologia e teoria dos sistemas. Diversos autores são considerados estruturalistas: Jakobson na linguística, Roland Barthes na semiologia, Lévi-Strauss na antropologia cultural, Piaget na psicologia genética e Althusser, Foucault, Deleuze na filosofia.

Este método teve início no século XX. Especificamente na década de 50. Representou um dos movimentos mais encantadores dentro da filosofia contemporânea e das ciências humanas. Observa-se que a partir do linguista suíço Saussure o método estruturalista se estendeu para outros domínios do conhecimento humano.

O antropólogo funcionalista Bronislaw Malinowski expressou com clareza a abordagem estruturalista da antropologia: uma cultura se estuda tal como é numa determinada época, e não segundo seu desenvolvimento ou sua evolução histórica. O funcionalismo foi decerto uma reação contra o evolucionismo e afirmava o primado da ação recíproca entre os diversos elementos e instituições de dada sociedade, mas o estruturalismo veio enfatizar ainda mais a concepção de sociedade como todo indivisível.

Como método científico, o estruturalismo estuda seu objeto, trate-se de cultura, linguagem, psiquismo humano ou outro qualquer, como um sistema em que os elementos constituintes mantêm entre si relações estruturais. Ao tomar este ou aquele objeto, o estruturalismo se propõe transcender a organização primária dos fatos, observável na pesquisa, para descrever a hierarquia e os nexos existentes entre os elementos de cada nível, para depois chegar a um modelo teórico do objeto. A abordagem estruturalista foi aplicada a várias disciplinas. Destacaram-se Ferdinand de Saussure e Leonard Bloomfield na linguística; Claude Lévi-Strauss na antropologia; Jean Piaget na psicologia e Louis Althusser na filosofia.

O termo *estrutura*, do qual provém o conceito de estruturalismo, designa um conjunto de elementos solidários entre si, ou cujas partes são funções umas das outras. Cada um dos componentes se acha relacionado com os demais e com a totalidade. Daí pode-se dizer que uma estrutura se compõe mais propriamente de membros que de partes, é mais um todo que uma soma. Os membros desse todo se acham entrelaçados de tal forma que não existe independência de uns em relação aos outros, mas antes uma interpenetração. Exemplos de estruturas seriam, pois, os organismos biológicos, as coletividades humanas, as formas do psiquismo e as configurações de objetos em determinado contexto.

O estruturalismo foi entendido também como o corpo teórico que marcou o início da decadência das ideologias nas ciências sociais, já que a abordagem estrutural excluiria a *praxis* (a ação, a prática), que o marxismo, por exemplo, estabelece como critério supremo de verdade. É a estrutura (do latim *struere*, construir) que explica os processos. Em contraposição, Althusser pretendeu conferir forma estrutural ao marxismo, afirmando que o pensamento é uma "produção", espécie de "prática teórica" exercida não apenas por sujeitos individuais, mas na qual intervêm fatores sociais e históricos.

Em toda estrutura se distinguem três características básicas: (1) sistema ou totalidade; (2) leis de transformação que conservam ou enriqueçem o sistema; e (3) autorregulação, pois as transformações se efetuam sem que na estrutura intervenham elementos exteriores. Uma vez descoberta a estrutura, deve ser possível sua "formalização". Cabe ressaltar que a formalização é uma criação teórica e que a estrutura é anterior ao modelo teórico e independe dele.

Quanto ao caráter de totalidade que a estrutura reveste, todos os estruturalistas concordam em que as leis que afetam os elementos de um sistema não se reduzem a associações cumulativas, mas se formam por composição, isto é, conferem ao todo propriedades de conjunto distintas dos atributos dos elementos. As leis de composição das totalidades estruturadas são estruturantes por natureza e é precisamente essa atividade estruturante que assegura a existência de um sistema de transformações.

Segundo Araújo (1998, p. 126):

> *Os elementos da estrutura dependem das regras que regem a totalidade, portanto, seu modo de relacionar-se, seus processos de composição, conferem à totalidade seu caráter de, ela própria, estar sempre se configurando, se transformando. Ela não subjaz aos elementos e nem é resultado de uma soma das partes. Como está em transformação constante, como totalidade estruturada, dependente de suas leis de composição, a estrutura é estruturante e estruturada.*

Um sistema, mesmo do ponto de vista exclusivamente sincrônico (plano temporal concreto, em oposição ao enfoque diacrônico, ou estudo histórico), não é imutável, pois aceita ou rejeita inovações em função das necessidades impostas pelas uniões e oposições existentes no próprio sistema.

Entende-se a autorregulação das estruturas como sua capacidade de ajustar-se a fim de garantir a conservação. A autorregulação mantém o sistema e ao mesmo tempo permite que haja mudança na estrutura. Nesse sentido, a estrutura se fecha sobre si mesma, embora possa integrar, como subestrutura, uma estrutura mais ampla. A modificação das fronteiras gerais não dá lugar à abolição das fronteiras já existentes, pois o que se produz é uma confederação e não uma anexação. As leis da subestrutura não sofrem alteração, mas se conservam, de modo que a mudança representa um enriquecimento.

O método estruturalista é uma reação contra o método fenomenológico. Procura mostrar que, por meio das transformações culturais, a estrutura subjacente é o substrato de todas as formulações múltiplas e permanentes, através de uma sucessão de eventos. Os principais expoentes são Claude Lévi-Strauss, Michel Foucault (1979, 2002) e Pierre Bourdieu (2001, 2002). O etnólogo belga Claude Lévi-Strauss, cuja obra deriva de conteúdo sociológico, *As estruturas fundamentais do parentesco*, foi quem iniciou esta construção teórica. A partir de seus estudos consolidou-se em uma das correntes filosóficas da segunda metade do século XIX. Diversas ciências sociais foram influenciadas por esta epistemologia.

Para Lévi-Strauss, "a estrutura nunca existe na realidade concreta, mas é ela que define o sistema de relações e transformações possíveis dessa realidade" (PRADO COELHO, 1967, p. 25).

O Estruturalismo é, antes de tudo, um método de pesquisa aplicável a qualquer ciência. Surgiu na França após o Existencialismo. Ao idear o método estruturalista, partiu Strauss do método linguístico criado por Saussure. Segundo este filólogo, os linguistas antigos interessavam-se pela origem e etimologia das palavras e pelas transformações semânticas. Estudavam uma Gramática histórica, na qual se verifica uma sucessão de significados e, por conseguinte, uma dimensão longitudinal. Os linguistas modernos, ao invés, preferem estudar os vocábulos como partes de um todo, isto é, dentro de uma estrutura. A justificativa apresentada é que os vocábulos de um idioma são todos coerentes, como o são as engrenagens de uma máquina. Portanto, há uma dimensão latitudinal ao encarar o estudo linguístico deste modo.

Strauss estabelece uma analogia entre linguística e etnologia. Para ele as relações de parentesco são como uma espécie de idioma. O homem primitivo como o civilizado pensa e forma conceitos universais. O primitivo apreende a realidade ambiente como um todo, isto é, como uma estrutura, como uma sincronia, a qual não interessa nem o passado nem o futuro, ao passo que o homem civilizado atende mais para a diacrônica, isto é, para a evolução, para o futuro e para o progresso.

O método estruturalista consiste em descobrir uma determinada estrutura numa dada realidade, para mediante esta estrutura analisá-la e confrontá-la com outras estruturas.

Quem prentende empregar o método estruturalista deverá em primeiro lugar examinar se a realidade, que quer devassar, manifesta realmente uma estrutura original, ou se não está projetando inconscientemente na realidade uma estrutura hipotética, puramente imaginária. Portanto, as estruturas devem ser descobertas e não inventadas.

Observa-se que quase todas as concepções da verdade na história da filosofia centraram-se na ideia de que o sujeito cognoscente está, em certo sentido, presente ao objeto do conhecimento. Jacques Derrida vai contra esta tradição. Derrida é o líder do movimento desconstrutivista. Para ele um das mais graves falhas da filosofia ocidental é o primado da presença. O que não está presente é mais importante em nossa vida intelectual.

O erro do mundo ocidental foi pensar acerca da verdade e do ser seguindo o modelo da *presença*. Um exame mais minucioso mostrará que nada é nem pode ser imediatamente presente para nós da maneira requerida pelos teóricos. As filosofias que afirmam se basear na presença do verdadeiro e do real são equívocas. A fala não pode tornar o sentido mais presente que a escrita. A condição de que o sentido tem de perdurar sem alcançar a pura presença, despojada da ausência, é o que Derrida chama de *différance*. A preocupação com as implicações sociais, políticas e éticas das formas de pensamento baseadas em afirmações da presença faz parte do pensamento de Derrida. As alegações de haver apreendido e privilegiado a presença dependem de uma exclusão da diferença, da impureza, da ausência e do não ser.

3.4 Método arqueológico

Foucault tentou mostrar como nossas palavras e nossos conceitos ajustaram-se a camadas históricas de pensamento e ação (formações discursivas) que, de muitas maneiras, determinam nossas vidas e nosso pensamento. Percebe-se esta ideia nas seguintes obras: *História da loucura* (1961), *O nascimento da clínica* (1963), *As palavras e as coisas* (1966) e a *A arqueologia do saber* (1969). Foucault diminui a importância do eu e do agente humano individual.

Segundo Abbagnano (1998), na segunda das *Considerações inatuais sobre a utilidade e o inconveniente dos estudos históricos para a vida*, 1873, Nietzsche distingue três espécies de história: A história pertence a quem vive segundo três relações: pertence-lhe porque ele é ativo e porque aspira; porque conserva e venera; porque tem necessidade de libertação. A essa trindade de relações correspondem três espécies de história, sendo possível distinguir o estudo da história do ponto de vista *monumental*, do ponto de vista *arqueológico* e do ponto de vista *crítico*.

A história monumental é a que considera os grandes eventos e as grandes manifestações do passado e os projeta como possibilidades para o futuro. A história arqueológica considera, ao contrário, o que no passado foi a vida de cada dia e nela enraíza a mediocridade do presente. A história crítica serve, porém, para romper com o passado e para renovar-se.

3.5 Método genealógico

Em *Vigiar e punir* (1975), Foucaut tenta mostrar como os conceitos acerca da criminalidade e das técnicas para lidar com os chamados "criminosos" mudaram ao longo do tempo. Ao traçar a história de um conceito, de suas modificações e dos propósitos por trás dele, Foucault desenvolve o que Nietzsche chamava de método *genealógico*. O método não é simplesmente histórico; ele visa desvelar os efeitos e os propósitos triviais, frívolos, arbitrários e, por vezes, torpes daquilo que investiga. Quando a maioria das pessoas julga uma determinada mudança na sociedade como um esforço para torná-la mais humana, Foucault argumenta que as mudanças organizam-se em prol da elaboração de técnicas de controle sociais novas e mais eficientes.

Para Foucault há muitos sistemas de poder diferentes entrelaçados e que operam simultaneamente. Ele não desenvolve um sistema único e completo da dinâmica social e conceitual. Denomina seu projeto de *microfísica do poder*. Para Foucault ordens de poder buscam diminuir o leque das possibilidades humanas, priviligiando certas crenças e práticas como normais. Tudo que difere do "normal" é qualificado como *desvios*. Neste sentido é necessário técnicas para oprimir, anular e reduzir as pessoas a "massas dóceis". O poder nos aparece sob diferentes aparências.

Para fazer genealogia, segundo Foucault (1982), é necessário que se trabalhe com pergaminhos riscados e várias vezes reescritas. Esta concepção exige atenção para os detalhes, e os olhos voltados para as verdades factuais comprovadas. A genealogia não se opõe à história.

Encontra-se em Nietzsche diferentes modos de abordagem da ideia de origem. Ele utilizará duas palavras alemãs para designar a questão: *Ursprung* e *Herkunft*.

No termo *Ursprung* a pesquisa da origem designaria um movimento no sentido de tirar todas as máscaras para desvelar enfim uma identidade primeira. Este termo tem o sentido de procedência e a palavra *Herkunft* designa a ideia de proveniência que aponta não para uma identidade primeira, uma causalidade única, mas para a ideia de campo ou tronco comum. *Ursprung* tem o sentido de procedência.

Fazer a genealogia dos valores, da moral, do ascetismo, do conhecimento não será, portanto, partir em busca de sua origem, negligenciando como inacessíveis todos os episódios da história; será, ao contrário, se demorar nas meticulosidades e nos acasos dos começos; prestar uma atenção escrupulosa à sua derrisória maldade; esperar vê-lo surgir, máscaras enfim retiradas, com o rosto do outro; não ter pudor de ir procurá-las lá onde elas estão, escavando os basfond; *deixar-lhes o tempo de elevar-se do labirinto onde nenhuma verdade as manteve jamais sob sua guarda. O genealogista necessita da história para conjurar a quimera da origem, um pouco como o bom filósofo necessita do médico para conjurar a sombra da alma. É preciso saber reconhecer os acontecimentos da história, seus abalos, suas surpresas, as vacilantes vitórias, as derrotas mal digeridas, que dão conta dos atavismos e das hereditariedades; da mesma forma que é preciso saber diagnosticar as doenças do corpo, os estados de fraqueza e de energia, suas rachaduras e suas resistências para avaliar o que é um discurso filosófico* (FOUCAULT, 1982, p. 19-20).

A palavra Herkunft designa a ideia de proveniência que aponta, não para uma identidade primeira, uma causalidade única, mas a ideia de campo ou tronco comum, condição de surgimento. Nesta perspectiva uma pesquisa da origem só poderá fornecer as marcas sutis, singulares, que se entrecruzam, apresentando a diversidade fragmentada e não a identidade.

A pesquisa da proveniência não tem como pretensão fundar alguma coisa, mas pelo contrário, ela agita o que se percebia como imóvel, estático e imutável.

Para Nietzsche, o movimento da genealogia para o passado ou para o período pré-moral da humanidade tem por objetivo apontar as origens dos valores morais.

Esse olhar para o passado, no entanto, não se faz por um interesse ligado ao passado, mas a partir de uma necessidade do presente: uma crítica necessária em função de possibilidades que se apresentam de futuro para o homem, e que podem tanto ser obstruídas pela moral quanto viabilizadas por meio dela (PASCHOAL, 2003, p. 56).

3.6 Método dialético

O termo *dialético* é o adjetivo derivado do substantivo *diálogo*, exprimindo aquilo que tem as qualidades do *diálogo*. *Diálogo* é um termo de origem grega, sinônimo de *conversa* e *discussão*. *Dialético*, portanto, é o que tem as qualidades de uma conversa, de uma discussão. Portanto, dialética supõe uma tese a ser refutada ou um adversário a ser combatido. É um processo resultante do conflito ou da oposição. Na história da filosofia conseguimos identificar quatro significados para o termo *dialética*: como método da divisão, como lógica do provável, como lógica e como síntese dos opostos. Estes conceitos estão estreitamente ligados à doutrina platônica, aristotélica, estoica e hegeliana.

Desde os gregos até o fim da Idade Média, a dialética esteve identificada com a lógica. Ao longo da história, porém, enriqueceu muito seu significado, até tornar-se, com Hegel e Marx, uma das categorias mais importantes do pensamento filosófico.

Com a mesma raiz da palavra *diálogo*, *dialética* pode significar dualidade, mas também oposição de razões, atitudes ou argumentos. A ideia de oposição, antítese ou contradição, porém, embora essencial à noção de dialética, não esgota seu significado. Para os filósofos gregos, era essencialmente um método lógico de perguntas e respostas que permitia chegar à conclusão verdadeira.

Modernamente, adquiriu sentidos e inflexões diferentes e tornou-se uma espécie de pedra filosofal do nosso tempo, uma maneira dinâmica de interpretar o mundo, os fatos históricos e econômicos e as próprias ideias.

Em Sócrates, a dialética inclui três momentos: a hipótese, definição prévia e provisória do que se pretende conhecer; a ironia, interrogatório que leva o interlocutor a reconhecer a ignorância do que pretendia saber; e a maiêutica, arte de dar à luz as ideias adormecidas no espírito do interlocutor. Podia ser utilizada como simples método de debate, ou para a avaliação sistemática de definições ou ainda para investigação e classificação das relações entre conceitos gerais e específicos. A dialética, portanto, é o método que Platão toma de Sócrates. Apresenta em forma de diálogo. Procede por perguntas e respostas. O exame da tese proposta segue geralmente a seguinte ordem: refutação, aporia e pesquisa. É a ciência suprema que permite ter acesso à contemplação do bem.

> *A minha arte obstétrica tem atribuições iguais às das parteiras, com a diferença de eu não partejar mulher, porém homens, e de acompanhar as almas, não os corpos, em seu trabalho de parto. Porém a grande superioridade da minha arte consiste na faculdade de conhecer de pronto se o que a alma dos jovens está na iminência de conceber é alguma quimera e falsidade ou fruto legítimo e verdadeiro. Neste particular, sou igualzinho às parteiras: estéril em matéria de sabedoria, tendo grande fundo de verdade a censura que muitos me assacam, de só interrogar os outros, sem nunca apresentar opinião pessoal sobre nenhum assunto por carecer, justamente, de sabedoria. [...] O que é fora de dúvida é que nunca aprenderam nada comigo; neles mesmos é que descobrem as coisas belas que põem no mundo, servindo, nisso tudo, eu e a divindade como parteira* (PLATÃO, Teeteto, 150 c, 1973).

Analisando os diálogos de Platão, firmados no proceder dialético, nota-se o limitado alcance do método, em que a conclusão é apenas uma repetição, com termos diferentes, da proposição inicial. Para Aristóteles, a dialética platônica é um método menor quando confrontado com os da ciência.

A dialética platônica conserva os elementos fundamentais da maiêutica socrática. A dialética platônica conserva a ideia de que o método filosófico é uma contraposição, não de opiniões distintas, mas de uma opinião e a crítica da mesma. Conserva, pois, a ideia de que é preciso partir de uma hipótese primeira e depois ir melhorando a partir das críticas que se lhe fizerem. Essas críticas, onde melhor se fazem, é no diálogo, no intercâmbio de afirmações e negações; e por isso a denomina dialética.

Para Platão a dialética consiste numa contraposição das intuições sucessivas, das quais cada uma aspira a ser a intuição plena da ideia do conceito da essência, mas como não pode sê-lo, a intuição seguinte contraposta à anterior retifica e aperfeiçoa essa anterior. E assim sucessivamente, em diálogo ou contraposição de uma intuição à outra chega-se a purificar, a depurar o mais possível esta vista intelectual, esta vista dos olhos do espírito até aproximar-se o mais possível dessas essências ideais que constituem a verdade absoluta.

"São duas as coisas que, de legítimo direito, se poderia atribuir a Sócrates: os raciocínios indutivos e as definições do universal. Ambos referem-se ao princípio da ciência" (Aristóteles, Metafísica, XIII 4, 1078).

Aristóteles parte de Platão, aceitando seu ponto de partida da intuição. Mas o que caracteriza mais o seu método são seus critérios lógicos, baseados em leis que regem a inteligência, que discute a intuição. Apoia-se na estrutura da inteligência. Foi Aristóteles o primeiro que tentou reduzir a estrutura da inteligência às leis. Para deduzir conceitos novos de conceitos conhecidos anteriormente, Aristóteles elaborou a técnica que se denomina de *silogismo*. Silogismo é um argumento no qual certas coisas, tendo sido supostas, qualquer coisa de diferente resulta da necessidade da sua verdade, sem ser necessário outro termo exterior. Raciocinar é arrancar, logicamente de duas afirmações, uma terceira. É constituído de três juízos. Os dois primeiros chamam-se *premissas* e o último é a *conclusão*. A conclusão é consequente dos juízos, que são antecedentes.

Esse raciocínio chama-se *dedutivo*. A operação lógica que se fez é a *dedução*.

Para Aristóteles, portanto, o método filosófico é a lógica, isto é, a aplicação das leis do pensamento racional que nos permite passar de uma posição a outra posição por meio das ligações que os conceitos mais gerais têm com outros menos gerais até chegar ao particular.

O método que os filósofos da Idade Média seguem não é pois somente como em Aristóteles, a dedução, a intuição racional, mas também a contraposição de opiniões divergentes. Este método chama-se Disputa Escolástica. Essa disputa era um debate sério em escola. Um debate dependia, em grande parte, de uma pergunta bem feita, isto é, uma pergunta bem completa. Esta pergunta completa melhoraria a discussão. Para o debate e o discernimento, apoiava-se na clareza e na força do argumento.

Os pensadores renascentistas e racionalistas, de modo geral, não tiveram grande apreço pela dialética, que consideravam o método próprio das grandes sumas teológicas escolásticas. No fim do século XVIII, Kant a utilizou nesse sentido, transferindo para o plano transcendental a eficácia da dialética.

Na primeira metade do século XIX, Hegel fez da dialética um fator essencial de seu sistema, mas não a concebeu como método ou uso da razão, e sim como um momento da própria realidade. Para ele, a dialética consiste na contínua tendência dos conceitos a se transformarem em sua própria negação, como resultado do conflito entre seus aspectos contraditórios internos, o que dá origem a outros conceitos.

Em Hegel, a dialética é, portanto, a estrutura do real que, entendido como processo, envolve três momentos: o da identidade, do ser em si (tese); o da negação, do ser para si (antítese); e o da negação da negação, do ser em si e para si (síntese). O momento propriamente dialético do processo é o da negação, implícito no anterior, da finitude do dado. O processo, porém, só é dialético porque não se detém na negação, que o imobilizaria.

Pela negação da negação, alcança nova posição, ou positividade, que contém os momentos anteriores e os supera, na totalização ou síntese. Assim, a dialética se converte na manifestação da mudança contínua da realidade e do vir-a-ser do espírito absoluto – eixo do sistema hegeliano – na história.

A nova ciência fundada por Karl Marx é uma ciência materialista como toda ciência. Sua teoria tem o nome de *materialismo histórico*. Esta palavra indica a atitude de Marx frente à realidade de seu objeto, que o permite captar a natureza sem nenhuma adição de fora. Marx provoca, com sua teoria, uma grande revolução histórica. Além da teoria científica, o materialismo histórico, há uma filosofia, o materialismo dialético. É no *Capital* que se deve buscar a dialética materialista, isto é, a filosofia marxista. A seguir apresentarei uma breve reflexão sobre a importância do método do Materialismo Dialético de Karl Marx.

3.7 Método materialismo dialético

O marxismo está estreitamente ligado a uma filosofia e a um método. Esse método é o Materialismo Dialético. Este método busca formular ações que conduzam a formas de luta eficazes no sentido de emancipação da classe trabalhadora. Para a transformação da realidade é necessário um método que não seja dogmático, mas um método que leve em conta os fatores e circunstâncias que não separem teoria e prática e que pense a vida na sua mais constante fluidez.

Na primeira metade do século XIX, Hegel fez da dialética um fator essencial de seu sistema, mas não a concebeu como método ou uso da razão, e sim como um momento da própria realidade. Para ele, a dialética consiste na contínua tendência dos conceitos a se transformarem em sua própria negação, como resultado do conflito entre seus aspectos contraditórios internos, o que dá origem a outros conceitos.

Em Hegel, a dialética é, portanto, a estrutura do real que, entendido como processo, envolve três momentos: o da identidade, do ser em si (tese); o da negação, do ser para si (antítese); e o da negação da negação, do ser em si e para si (síntese). O momento propriamente dialético do processo é o da negação, implícito no anterior, da finitude do dado. O processo, porém, só é dialético porque não se detém na negação, que o imobilizaria. Pela negação da negação, alcança nova posição, ou positividade, que contém os momentos anteriores e os supera, na totalização ou síntese. Assim, a dialética se converte na manifestação da mudança contínua da realidade e do vir-a-ser do espírito absoluto, eixo do sistema hegeliano, na história.

A ideia de dialética é central também na teoria de Marx que, diferentemente de Hegel, não a vê como uma dinâmica especulativa, traduzida no âmbito das ideias ou conceitos, mas como instrumento que permite a compreensão adequada dos fenômenos históricos, sociais e econômicos reais. Dando conteúdo concreto à formulação abstrata de Hegel, Marx entende a contradição como mola do processo histórico, tensão que o propulsiona e o faz progredir, em constante mudança e transição.

Karl Marx (1818–1883) e Friedrich Engels (1820–1895) também foram associados a uma maneira de entender a dialética denominada "materialismo dialético". A expressão não foi cunhada por Marx e Engels, mas originou-se com o marxista russo Georgi Plekhanov, em 1891.

Engels caracteriza seu próprio pensamento e o pensamento de Marx como "dialética materialista", contrapondo-a à "dialética idealista" dos hegelianos.

Como os hegelianos, Marx e Engels viam a história como um processo histórico dialético progressivo impulsionado pelo conflito de oposições. Para Marx e Engels, porém, esse processo não envolve o conflito de teorias e ideias, mas o conflito entre classes econômicas. Desse modo, se para Hegel o resultado do processo dialético é o conhecimento absoluto (*das absolute*

Wissen) da totalidade da verdade, para Marx e Engels o resultado da dialética material é a sociedade perfeita sem classes que eles descrevem como "comunismo". Essa ideia foi desenvolvida pelos teóricos soviéticos.

Antes de Marx e Engels, a maioria dos filósofos sustentava que a filosofia e outros elementos da cultura humana desenvolviam-se pela livre ação da mente, independente da ordem econômica na qual fossem produzidos. Eles contestaram essa ideia, afirmando que o modo de produção característico de uma ordem social age como uma espécie de subestrutura que baseia e determina os atributos da superestrutura cultural erigida sobre ela. Não é a dinâmica das ideias que determina a sociedade; é a dinâmica da base econômica que determina nossas ideias.

Karl Marx (1818-1883), querendo pôr Hegel com os pés na terra, adota simplesmente a afirmação Hegeliana, de que a realidade é dialética, isto é, contraditória. Para Marx e Engels, não é a dinâmica das ideias as que determinam a sociedade; é a dinâmica da base econômica que determina nossas ideias. O pensamento de Marx, como filosofia, é fundamentalmente crítico. Esta crítica se imprimirá nas várias formas de alienações humanas que Marx há de denunciar sucessivamente, como base daquilo que será sua construção positiva.

A filosofia crítica que iniciou sua trajetória com Descartes, para chegar ao ponto alto em Kant, é uma filosofia do sujeito, na afirmação de sua autonomia e de sua centralidade no universo. É por isto que ela deveria ser a última a favorecer uma alienação da pessoa humana. Depois de Kant, a crítica deixou de ser crítica para tornar-se uma especulação definitiva e sistemática dum mundo metafísico construído dedutivamente sobre o sujeito.

O mundo antigo estava construído filosoficamente, sobre a exterioridade, com absorção da subjetividade tipicamente humana. A crítica tornou consciente o pensador da centralidade do "eu" na especulação filsosófica. Mas o ulterior desenvolvimento da crítica se tornou em Fichte, Schelling, e mesmo em Hegel, uma filosofia dogmática, uma construção metafísica deduzida do sujeito, construída sobre o sujeito. Têm-se um mundo absolutizado ao qual o sujeito concreto submete-se e se aliena enquanto nele se exterioriza, nele se torna "outro", nele se objetiva.

Seguindo o método de Hegel, Marx vai, por conseguinte, empreender uma crítica a Hegel. Hegel é para Marx o apogeu da filosofia do subjetivismo metafísico, que é a expressão máxima, no plano intelectual, da alienação do homem. Assim, Hegel, em vez de salvar o homem da sua alienação no subjetivismo metafísico, o teria imerso na sua alienação no subjetivismo metafísico mais profundamente.

Observa-se que a crítica de Kant se dirigia ao mundo objetivo para reivindicar os direitos do sujeito; a crítica de Hegel e de Marx, ao invés, se dirige ao mundo subjetivo, para reivindicar os direitos do objeto, da matéria, da natureza, contra o dogmatismo alienador do subjetivismo. Para Marx, o único modo de salvar o homem é dar seu lugar devido, numa adequação perfeita, ao espírito e à matéria, ao pensamento e à realidade, à essência e à aparência. Marx pretende consegui-lo através da denúncia de todas as formas de alienação do homem e da indicação do caminho a seguir para sua recuperação.

Marx nega toda a dedução *a priori* da realidade. Para ele não há mais uma visão absoluta da realidade, mas apenas uma consciência de que o sujeito está alienado neste momento histórico. O homem se perdeu e por isto é preciso recuperá-lo. Tem por isto a alienação um sentido mais de perda do que de passo dialético para um maior enriquecimento. Em lugar de enriquecer, Marx visa recuperar o que já se tinha anteriormente e que se perdeu na alienação.

Marx define o homem como aquele que, sempre em colaboração com outros homens, produz a si mesmo pelo trabalho, enquanto produz, reproduz a sua vida, que é primariamente vida material, e enquanto conserva e desenvolve esta vida material sua e dos outros homens, através da produção econômica, de tal forma que a história da humanidade é condicionada fundamentalmente pela produção da vida material segundo seu aspecto socioeconômico.

O trabalho indica a produção material e a linguagem a produção espiritual. A raiz de toda a cultura está no fato de que o homem não é, sem mais, um ser da natureza, um ser natural, um membro simplesmente da totalidade da natureza. O homem é também um ser natural. O homem é um ente por meio do qual o mundo adquire um sentido, um significado. E ao mesmo tempo em que o homem dá sentido às coisas o homem se interpreta a si mesmo, dá um sentido à sua própria vida, e primeiramente o sentido de ser o ente pelo qual as coisas recebem um sentido. Assim o homem se torna tanto mais ele mesmo quanto mais se afasta daquilo que ele é como puramente ente natural, não destruindo sua qualidade de ente natural, mas transformando-a pelo sentido que lhe dá.

Dar sentido a uma coisa significa exercer certo sentido uma ação sobre esta coisa, enquanto o dar sentido transforma a coisa. Um dar sentido representa, portanto, trabalhar uma coisa.

A estratificação social da sociedade pré-industrial tinha, portanto, um caráter de estabilidade. Ora, esta estabilidade das posições sociais foi eliminada pela Revolução Industrial. Esta fez nascer duas novas camadas sociais: os empresários e os trabalhadores. Estas novas camadas dos burgueses e dos proletários não tinham tradição de posição social determinada, nem mito de legitimidade, nem prestígio de origem. O que os caracterizava era sua condição de ter poder ou não tê-lo, de possuir capital ou não. São os novos ricos e os novos pobres. Por isso Engels podia dizer que a história da classe operária começa na Inglaterra na segunda metade do século XVIII por causa da invenção da máquina a vapor.

Com a abolição dos privilégios da nobreza aboliu também os dos que estavam sob a proteção dos nobres, isto é, dos agricultores. A nobreza sempre sentira certo dever de sustentar seus agregados de terras. Os novos capitalistas não sentiam este dever diante de seus trabalhadores, pelo contrário, estes eram desfrutados o máximo. Grande parte da humanidade estava à beira da fome e eram excluídos dos seus direitos fundamentais.

Desta nova situação, insustentável para o proletariado, nasceu um sentimento de insegurança humana e social e uma verdadeira consciência de crise; juntamente nascia uma vontade de reforma e planificação para a adaptação do homem e de suas instituições ao mundo técnico-industrial. Nesta vontade de reforma e planificação, o homem se colocou no centro como legislador da reforma. O próprio homem pensa em redistribuir as riquezas. Esta vontade de planificação é de um lado uma aspiração revolucionária por uma ordem social totalmente nova, planificada e, ao mesmo tempo, um voto de confiança otimista no progresso técnico.

A primeira ação histórica é, portanto, a criação de meios para satisfazer as necessidades, a produção da vida material mesma; e esta é precisamente uma ação histórica, uma condição fundamental de qualquer história, que ainda hoje, como milênios atrás, dever ser realizada todos os dias e todas as horas simplesmente para manter em vida os homens.

Em qualquer concepção da história, portanto, o primeiro ponto é que se observe este dado fundamental em toda a sua importância e em toda a sua extensão e que se lhe dê o lugar devido.

Marx interpreta o homem como produto e autoprodutor. A primeira produção, porém, é a produção da vida material. E esta se faz através do trabalho. Marx condena qualquer especulação de origem teórica. A linguagem da vida real, em oposição a qualquer especulação, significa uma reflexão sobre a atividade prática, ou seja, sobre a produção material da humanidade, assim como esta se desenvolve através da história.

A cultura para Marx é o complexo da produção material da humanidade, do trabalho material, e da produção espiritual da humanidade que nada mais é que a representação dos significados que o trabalho material dá a seus produtos. A produção espiritual é uma superestrutura secundária.

A cultura humana se constrói, portanto, pelo trabalho que, produzindo os meios de satisfazer as necessidades primárias sempre mais complexas, trabalha a natureza e lhe dá um sentido relativo à produção da vida material, é o sentido materialista. Esta cultura se concretiza na história da indústria humana desde os métodos mais primitivos até o alto nível técnico da industrialização hodierna.

Esta cultura se exprime também em ideias e representações desta atividade prática. É o que Marx chama de produção "espiritual", que é somente real enquanto se refere sempre diretamente à prática da produção material. Além disso, toda cultura é sempre uma realidade social, pois todo trabalho é colaboração. De um lado, o trabalho dá um sentido à natureza; de outro lado o trabalho é sempre um mediador dos homens entre si, enquanto o trabalho é essencialmente colaboração dentro de um grupo ou de uma sociedade de maiores dimensões.

O encontro original do homem com outro homem se dá no trabalho. E é por isto que Marx pode dizer que as primeiras relações humanas recebem um sentido através das relações intersubjetivas que nascem do trabalho como colaboração.

Marx nega o valor universal e eterno dos produtos da cultura reflexa, como a filosofia e a religião. Esta cultura é uma linguagem irreal, é uma alienação. O sentido que damos às coisas só tem valor enquanto encarnado nas coisas e não há possibilidade de dar-lhe um valor em si.

3.8 Método pragmático

O pragmatismo merece ser assinalado não só pela importância que assume nas inclinações culturais de muitos, como também por constituir uma inovação irrecusável na colocação do problema que estamos examinando. O verdadeiro significa útil, valioso, fomentador da vida.

O pragmatismo modifica, desta forma, o conceito de verdade, porque parte de uma determinada concepção do ser humano. Segundo ele, o homem não é essencialmente um ser teórico ou pensante, mas sim um ser prático, um ser de vontade e de ação.

> *Toda a teoria do conhecimento, desde Descartes, passando por Kant, até nossos dias, gira em torno da relação sujeito--objeto. Poderíamos, mesmo, dizer que a Ontognoseologia é o conjunto dos problemas e das respostas possíveis em razão das relações de implicação entre sujeito e objeto – sujeito cognoscente e algo conhecido. Os pragmatistas sustentam que este problema não se opõe ou não deve ser posto no plano puramente especulativo, como adequação do juízo à realidade, porquanto a especulação está sempre ligada às exigências da vida individual ou social. Não há uma verdade puramente teórica, mas há uma verdade essencialmente teórico-prática como momento de existência, sendo absurdo separar-se a teoria da prática* (REALE, 1994, p. 126).

O intelecto é dado ao homem, não para investigar e conhecer a verdade, mas sim para orientar-se na realidade. Uma verdade só é verdade porque vai ao encontro das exigências vitais do homem; e essas exigências só se aquilatam no plano da ação, e não no plano teórico da especulação, seccionado das circunstâncias existenciais.

Na concepção de Reale (1995, p. 126), reduzir o critério da verdade ao critério do útil é empobrecer a problemática do pragmatismo. O pragmatismo não é uma redução simplista do verdadeiro ao útil. O que o pragmatismo sustenta é que devemos resolver o problema do conhecimento e do alcance do conhecimento reconhecendo que a teoria se insere ou se integra como momento de ação ou da vida prática, a tal ponto que aos elementos formais da Lógica são formas de cada matéria, consoante expressiva maneira de pensar de Dewey.

Como verdadeiro fundador do pragmatismo considera-se o filósofo americano William James, ao qual se deve também o termo *pragmatismo*. Segundo James (1949, p. 61), o pragmatismo desvia-se da abstração, de tudo o que tornar o pensamento inadequado, das soluções verbais, das más razões *a priori*, dos sistemas fechados e firmes; de tudo o que é, por assim dizer, um absoluto ou uma pretensa origem, para voltar-se na direção do pensamento concreto e adequado, dos fatos, da ação eficaz.

Outro representante desta corrente é o filósofo americano Peirce e o inglês Schiller, que propôs para ela o nome de *humanismo*. O pragmatismo encontrou também adeptos na Alemanha. Entre eles, encontra-se Nietzsche.

Segundo Nietzsche, no seu livro *A vontade de potência* (p. 97), a essência da verdade é esta apreciação: acredito que isto ou aquilo é assim. O que se exprime nesse juízo são condições necessárias para nossa conservação e nosso crescimento.

Nos Estados Unidos, a corrente pragmática apresenta uma plêiade de seguidores, dentre os quais merece especial referência John Dewey, cuja doutrina é conhecida como uma forma de "humanismo naturalista" ou de "pragmatismo instrumental".

O erro fundamental do pragmatismo consiste em não ver a esfera lógica, em desconhecer o valor próprio, a autonomia do pensamento humano. O pensamento e o conhecimento estão certamente na mais estreita conexão com a vida, porque estão inseridos na totalidade da vida psíquica humana; o acerto e valor do pragmatismo radicam-se justamente na contínua referência a essa conexão.

Pode-se afirmar que pragmatismo é uma teoria de significado e verdade. Acentua o caráter genético e instrumental do conhecimento. Aborda o conhecimento em termos de um organismo que se adapta ao seu ambiente e com ele interage; usa ideias como instrumentos ou planos de ação; e retém como verdadeiras as ideias que funcionam e descarta como falsas aquelas que falham.

O *pragmatismo* foi um termo introduzido na filosofia em 1898 através de um relatório de William James, *California Union* em que faz referência à doutrina exposta por Peirce num ensaio de 1878, *Como tornar claras as nossas ideias*. Para o Peirce, pragmatismo seria uma teoria segundo a qual uma concepção, ou seja, o significado racional de uma palavra ou de outra expressão consiste exclusivamente em seu alcance concebível sobre a conduta da vida. Peirce buscava uma visão experimentalista da realidade. Neste sentido, distingue o Pragmatismo Metodológico do Pragmatismo Metafísico.

O Pragmatismo Metodológico é uma teoria do significado. O Pragmatismo Metafísico é uma teoria da verdade e da realidade. O primeiro não pretende definir a verdade ou a realidade, mas apenas propor um procedimento para determinar o significado dos termos, das proposições.

Para o pragmatismo é impossível ter em mente uma ideia que se refira a outra coisa que não os efeitos sensíveis das coisas. Nossa ideia de um objetivo está ligada à ideia de seus efeitos sensíveis. Nesta perspectiva é necessário considerar os efeitos que terão o alcance prático que atribuímos ao objeto da nossa compreensão. A concepção do objeto está estreitamente ligada à concepção destes efeitos.

Qual é a função do pensamento a partir dessa regra metodológica? A função do pensamento é produzir hábitos de ação, crenças. Na perspectiva de Peirce o importante é achar um procedimento experimental, ou científico, para fixar as crenças. Neste sentido, é importante um procedimento experimental ou científico para fixar as crenças. Entende-se por experimental ou científico o procedimento que não recorre ao método da autoridade nem ao método *a priori*.

O Pragmatismo Metafísico tem como representantes W. James e Schiller. Para os autores supracitados, procuram reduzir verdade a utilidade, e realidade a espírito. Há uma concordância com os espiritualistas franceses.

As ações e desejos humanos condicionam a verdade. Defende-se a dependência de todos os aspectos do conhecimento em relação à exigênica da ação.

3.9 Método da complexidade

O método da complexidade está estritamente legado a Edgar Morin. Morin (1998, p. 176) se refere frequentemente à teoria da complexidade apenas com o termo *complexidade*. Ele propõe que sejam superados dois mal-entendidos sobre a complexidade. O primeiro é o de concebê-la como receita, como resposta, ao invés de considerá-la como desafio e como motivação para pensar; o segundo é confundir a complexidade com completude: não é, diz ele; é antes o problema da incompletude do conhecimento humano.

Edgar Morin tem muitas obras escritas e que em todas elas ele se repete e, ao fazê-lo, inclui, muitas vezes, aspectos que podem esclarecer e ampliar os conceitos anteriormente trabalhados. Almeida e Carvalho (2002, p. 7), afirmam que as ideias de Edgar Morin são marcadas por uma recursividade exemplar. Basta ter acesso ao conjunto de sua obra para observar como expressões, argumentos e reflexões que aparecem de forma sintética em alguns de seus livros reaparecem em outros de modo renovado, instigante e provocador.

O exemplo de Morin (1998, p. 176-177) do que seria uma forma de pensar complexa, opondo-a a uma forma de pensar simplificadora ou mutilante (para usar duas de suas expressões), é o que segue:

> *Por exemplo, se tentamos pensar no fato de que somos seres ao mesmo tempo físicos, biológicos, sociais, culturais, psíquicos e espirituais, é evidente que a complexidade é aquilo que tenta conceber a articulação, a identidade e a diferença de todos esses aspectos, enquanto o pensamento*

simplificante separa estes diferentes aspectos, ou unifica--os por uma redução mutilante. Portanto, nesse sentido, é evidente que a ambição da complexidade é prestar contas das articulações despedaçadas pelos cortes entre disciplinas, entre categorias cognitivas e entre tipos de conhecimento. De fato, a aspiração à complexidade tende para o conhecimento multidimensional. Ela não quer dar todas as informações sobre um fenômeno estudado, mas respeitar suas diversas dimensões: assim, como acabei de dizer, não devemos esquecer que o homem é um ser biológico--sociocultural, e que os fenômenos sociais são, ao mesmo tempo, econômicos, culturais, psicológicos, etc. Dito isto, ao aspirar a multidimensionalidade, o pensamento complexo comporta em seu interior um princípio de incompletude e de incerteza.

Para Mariotti (2000) a complexidade não é um conceito teórico e sim um fato da vida. Corresponde à multiplicidade, ao entrelaçamento e à contínua interação da infinidade de sistemas e fenômenos que compõem o mundo natural. Os sistemas complexos estão dentro de nós e a recíproca é verdadeira. É preciso, pois, tanto quanto possível, entendê-los para melhor conviver com eles.

Do ponto de vista etimológico, a palavra *complexidade* é de origem latina, provém de *complectere*, cuja raiz *plectere* significa trançar, enlaçar. Remete ao trabalho da construção de cestas que consiste em entrelaçar um círculo, unindo o princípio com o final de pequenos ramos. A apresentação do prefixo *com* acrescenta o sentido da dualidade de dois elementos opostos que se enlaçam intimamente, mas sem anular sua dualidade.

A complexidade é o pensamento capaz de reunir (*complexus*: aquilo que é tecido conjuntamente), de contextualizar, de globalizar, mas ao mesmo tempo, capaz de reconhecer o singular, o individual, o concreto (MORIN; MOIGNE, 2000, p. 207). É importante entender as diferentes avenidas que conduzem ao desafio da complexidade. Os caminhos da complexidade, Morin (1998, p. 117) os denomina de "avenidas" que, juntas e conexas, podem conduzir ao pensamento complexo.

A primeira avenida, o primeiro caminho é o da irredutibilidade do acaso e da desordem. Como definir o acaso que é um ingrediente inevitável de tudo o que nos surge como desordem? Não podemos provar se aquilo que nos parece acaso não é devido à ignorância. A incerteza continua, inclusive no que diz respeito à natureza da incerteza que o acaso nos traz. O próprio acaso não está certo de ser acaso (MORIN, 1998, p. 117).

Segundo Morin (1998, p. 178), a segunda avenida da complexidade é a transgressão, nas ciências naturais, dos limites do que poderíamos chamar de abstração universalista que elimina a singularidade, a localidade e a temporalidade. O pensamento reducionista continua a procurar de modo míope a causa e o efeito, a determinar o bem e o mal, a nomear o culpado e o salvador. Continua a eliminar toda a ambiguidade, toda incerteza.

Não precisamos nem de um pensamento parcelar ou reducionista incapaz de ver o contexto e a globalidade, nem de um pensamento global e oco. Precisamos de um pensamento que considere as partes em relação com o todo e o todo em suas relações com as partes. Tal pensamento evita ao mesmo tempo em que se perceba apenas um fragmento fechado de humanidade, esquecendo a mundialidade, e que se perceba apenas uma mundialidade, desprovida de complexidades. A reforma do pensamento é, portanto, necessária para contextualizar, situar, globalizar e também tentar estabelecer um metaponto de vista que, sem nos fazer escapar de nossa condição local--temporal-cultural singular, nos permita considerar, como de um mirante, nosso lugar antropoplanetário. A fórmula "pense global e aja local" é sempre verdadeira, mas é preciso acrescentar "pense local e aja global".

As generalizações vazias nada indicam. As generalizações que indicam algo são as que estão "grávidas" (ou prenhes) do concreto que está a ocorrer, mas que nunca está completo. Não há, pois, o *geral*: o que pode haver é uma construção geral – uma concepção ampla – que tenta apanhar, numa unidade provisória, a multiplicidade do real que está a acontecer. Há sempre metapontos de vista a olhar o global junto com o local, ou o local junto com o global. Portanto, não podemos trocar o singular e o local pelo universal: ao contrário, devemos uni-los.

A terceira avenida é a da complicação. O problema da complicação surgiu a partir do momento em que percebemos que os fenômenos biológicos e sociais apresentavam um número incalculável de interações, de inter-retroações, uma fabulosa mistura que não poderia ser calculada nem pelo mais potente dos computadores (MORIN, 1998, p. 179).

A quarta avenida foi aberta quando começamos a conceber uma misteriosa relação complementar, no entanto logicamente antagonista, entre as noções de ordem, de desordem e de organização (MORIN, 1998, p. 179). Pode-se dizer que o que é complexo não elimina as contradições, mas transita e recupera a incerteza. Permite perceber a incapacidade de elaborar uma lei eterna e de impor uma ordem absoluta, ao mesmo tempo em que traz consigo a lógica, ou a incapacidade de evitar contradições.

A quinta avenida da complexidade é a da organização. A organização é aquilo que constitui um sistema a partir de elementos diferentes; portanto, ela constitui, ao mesmo tempo, uma unidade e uma multiplicidade. A complexidade lógica de *unitas multiplex* nos pede para não transformarmos o múltiplo em um, nem o um em múltiplo.

A organização é aquilo que constitui um sistema; e um sistema é mais e menos do que aquilo que poderíamos chamar de soma de suas partes. É menos que a soma das partes porque, em todo sistema e para "servir" ao sistema, ou à sua organização, as partes não podem realizar tudo o que têm: elas oferecem ao sistema apenas o que a organização do sistema precisa. Se oferecerem mais, destruirão aquele sistema.

E é mais que a soma das partes, pois, num sistema, as partes acabam sendo estimuladas a fazer emergir qualidades que não emergiriam fora de um tal sistema. Morin dá como exemplo o todo social (o sistema social): nele a educação, a linguagem e a cultura são propriedades que podem existir somente neste todo, ou nesta organização. Pois bem: tais propriedades do todo social fazem emergir nos indivíduos, que são partes deste todo, a mente e a inteligência, por exemplo. O uno do todo não é a multiplicidade das partes; a multiplicidade das partes não é o uno do todo: ambos se constituem reciprocamente, naquele todo, como partes daquele todo e como todo daquelas partes. Daí que só se pode conhecer o todo se se conhecer as partes e só se pode conhecer as partes se se conhecer o todo. São distintos e são indissociáveis. *Unitas multiplex*. Uma multiplicidade em uma unidade e uma unidade nesta multiplicidade.

A sexta avenida é o princípio hologramático. No campo da complexidade existe uma coisa ainda mais surpreendente. É o princípio que poderíamos chamar de hologramático. Holograma é a imagem física cujas qualidades de relevo, de cor e de presença são devidas ao fato de cada um de seus pontos incluírem quase toda a informação do conjunto que ele representa (MORIN, 1998, p. 181).

Morin (1998) oferece como exemplos: (a) o que ocorre com a célula em nosso corpo: cada uma contém a informação genética do ser global; (b) o fato de cada indivíduo conter em si o todo (ou o quase todo) da sociedade. Nesse sentido, podemos dizer que não só a parte está no todo, mas também que o todo está na parte. Segundo Morin (1998, p. 181), "Isso quer dizer que não podemos mais considerar um sistema complexo segundo a alternativa do reducionismo (que quer compreender o todo partindo só das qualidades das partes) ou do 'holismo', que não é menos simplificador e que negligencia as partes para compreender o todo". Pascal já dizia: "Só posso compreender um todo se conheço, especificamente, as partes, mas só posso compreender as partes se conheço o todo."

Ao princípio hologramático deve-se unir um outro: *o princípio da organização recursiva*. Isto é: nas organizações, os seus efeitos (ou produtos) são necessários para a própria produção, ou "causação" da própria organização. A sociedade humana é assim: ela é produzida pelas interações entre os indivíduos; tais interações produzem um todo organizador (que é a própria sociedade) que retroage sobre os indivíduos para co-produzi-los como indivíduos. Eles não o seriam sem o todo da sociedade, que também não seria sem os indivíduos interagindo desta forma que eles "aprendem", no todo da sociedade. Um todo, ou uma organização, como o ciclo da reprodução sexual, produz indivíduos e depende destes indivíduos para continuar a existir. A reprodução produz indivíduos que produzem o ciclo da reprodução.

Para Morin (1998), consequentemente, a complexidade não é só um fenômeno empírico (acaso, eventualidades, desordens, complicações, mistura dos fenômenos); a complexidade é, também, um problema conceitual e lógico que confunde as demarcações e as fronteiras bem nítidas dos conceitos como "produtor" e "produto", "causa" e "efeito", "um" e "múltiplo".

A sétima avenida para a complexidade: a avenida da crise de conceitos fechados e claros (sendo que fechamento e clareza são complementares), isto é, a crise da clareza e da separação nas explicações. Nesse caso, há uma ruptura com a grande ideia cartesiana de que a clareza e a distinção das ideias são um sinal de verdade; ou seja, que não pode haver uma verdade impossível de ser expressa de modo claro e nítido. Hoje em dia vemos que as verdades aparecem nas ambiguidades e numa aparente confusão (MORIN, 1998, p. 183).

As verdades aparecem nas ambiguidades e numa aparente confusão: os seres vivos não se explicam isolados do meio ambiente. Contudo, seres vivos são seres vivos e meio ambiente é meio ambiente. Mas só o são correlativamente: um não se explica sem o outro. Eles parecem se confundir. Mas não é verdade: nem que se confundem e nem que o conhecimento deles é ambíguo. O que é verdade é que um ser vivo estudado fora das relações com o seu meio ambiente torna-se "um outro" ser vivo. Um exemplo, dado por Morin, é o dos chimpanzés estudados em laboratório. Eles apresentam outras características de comportamentos, diversas das que apresentam em seu meio natural: apresentam um comportamento de prisioneiro e de manipulado.

Não há e nem pode haver um conceito fechado de ser vivo: é sempre um conceito aberto que deve compreender as relações com o meio ambiente e as inter-relações de ambos. É somente numa tal compreensão que o "conhecimento por inteiro" pode ser dado. Assim mesmo, é um "conhecimento por inteiro", naquela situação; naquele contexto. Quando há a separação do ser vivo de seu ambiente, há um "conhecimento de manipulação", quando o que deve ser buscado é um "conhecimento de compreensão" (MORIN, 1998, p. 183).

A oitava avenida é o saber do verdadeiro papel do observador, na observação. Morin (1998) diz assim: a oitava avenida da complexidade é a volta do observador na sua observação. Não passava de ilusão quando acreditávamos eliminar o observador nas ciências sociais. Não é o sociólogo que está na sociedade, a sociedade também está nele; ele é possuído pela cultura que possui. Como poderia encontrar a visão esclarecedora, o ponto de vista supremo pelo qual julgaria sua própria sociedade e as outras sociedades? Daí vem essa regra da complexidade: o observador-conceptor deve se integrar na sua observação e na sua concepção. Ele deve tentar conceber seu *hic et nunc* sociocultural. Como consequência, podemos formular o princípio da reintegração do conceptor na concepção: a teoria, qualquer que seja ela e do que quer que trate, deve explicar o que torna possível a produção da própria teoria e, se ela não pode explicar, deve saber que o problema permanece (MORIN, 1998, p. 185-186).

É por motivos lógicos que chegamos a esse absurdo lógico no qual o tempo nasce do não tempo, o espaço, do não espaço, e a energia do nada. Desde então, foi aberto o diálogo com a contradição. Fomos levados a estabelecer uma relação complementar e contraditória entre as noções fundamentais que nos são necessárias para conceber o universo. Este "diálogo com a contradição" torna-se necessário para que possamos "conceber" o universo. Para conceber e não para conhecer "definitivamente de verdade". Pois este último não parece possível. Temos que aceitar o limite de nossa compreensão. Mas temos que estar sempre em busca da "melhor concepção", ainda que não sabendo bem qual é ela.

O desafio da complexidade nos faz renunciar para sempre ao mito da elucidação total do universo, mas nos encoraja a prosseguir na aventura do conhecimento que é o diálogo com o universo. O diálogo com o universo é a própria racionalidade. Acreditamos que a razão deveria eliminar tudo o que é irracionalizável, ou seja, a eventualidade, a desordem, a contradição, a fim de encerrar o real dentro de uma estrutura de ideias coerentes, teoria ou ideologia. Acontece que a realidade transborda de todos os lados das nossas estruturas mentais.

O objetivo do conhecimento é abrir, e não fechar, o diálogo com esse universo. O que quer dizer: não só arrancar dele o que pode ser determinado claramente, com precisão e exatidão, como as leis da natureza, mas, também, entrar no jogo do claro-escuro, que é o da complexidade (MORIN, 1998, p. 191).

Há, pois, algo que pode ser "determinado claramente"; e há o que não pode: ou, ainda não pode. Daí a proposta de "prosseguir na aventura do conhecimento", entrando no "jogo do claro-escuro" da complexidade.

Faz parte deste jogo o uso da estratégia, diz ele, esta "arte de utilizar as informações que aparecem na ação" (MORIN, 1998, p. 192). A arte de saber ver na ação, e não de ir para a ação apenas com um olhar já pronto.

A ação é sempre dinâmica, por ser ação, e carrega o desconhecido, assim como pode carregar o imprevisto. Além de carregar o previsto, o já sabido. É necessário dispor de um olhar já pronto, para se agir. Pronto, mas não acabado. Pronto, mas não fechado para o novo que pode irromper no curso da ação. Temos que ter parâmetros; mas temos que ter a sabedoria de duvidar deles. Temos que ter direções; mas, temos que aprender a não ser teimosos. Não podemos deixar que nossas ideias sejam congeladas ou "reificadas". Daí que precisamos fazer com que nossas mentes analisem nossas convicções, as coloquem em cheque, especialmente quando suspeitamos que algo mais deve haver, e que não foi levado em conta. Temos que estabelecer "diálogos entre nossas mentes e suas produções reificadas em ideias e sistemas de ideias" (MORIN, 1998, p. 193).

Em seus estudos Morin afirma que a estabilidade e a auto-organização dos organismos vivos estão diretamente ligadas aos processos de comunicação entre seus subsistemas, assim como pelo ambiente, pois ambos são interdependentes no sentido da manutenção de sua existência. Por conseguinte, caracterizam-se como sistemas abertos, auto-organizáveis.

> *Ao mesmo tempo em que o sistema auto-organizador se destaca do meio e se distingue dele, pela sua autonomia e sua individualidade, liga-se tanto mais a ele pelo crescimento da abertura e da troca que acompanham qualquer progresso de complexidade: ele é auto-eco-organizador. Enquanto o sistema fechado tem pouca individualidade, não tem trocas com o exterior e está em muito pobres relações com o meio, o sistema auto-eco-organizador tem a sua individualidade, ela mesma ligada a relações muito ricas e, portanto dependentes do meio* (MORIN, 2003b, p. 49).

Assim, organizações como sistemas adaptativos complexos são formadas por inúmeros agentes, os quais são elementos ativos e autônomos cujo comportamento é determinado por um conjunto de regras e pelas informações a respeito de seu desempenho e das condições do ambiente imediato (AGOSTINHO, 2003, p. 28).

E as organizações precisam de ordem e de desordem neste universo em que os sistemas sofrem o aumento da desordem e tendem a se desintegrar, a sua organização permite que eles captem, reprimam e utilizem a desordem.

Qualquer fenômeno físico, organizacional e vivo tende a degradar-se e a degenerar. A decadência e a desintegração constituem fenômenos normais. Isto é, não seria normal se as coisas não se modificassem com o tempo. Ao contrário, soariam enfadonho, na mesma dimensão em que provocariam uma inquietação. É fato que o equilíbrio não estabelece nenhuma receita e, a única forma de lutar contra a degeneração é a regeneração constante, isto é, a aptidão do conjunto da organização para se regenerar e se reorganizar enquanto enfrenta os processos de desintegração.

A organização, o mercado, enfim todo o universo é uma mistura de ordem, de desordem e de organização. Não se pode afastar o incerto, o imprevisto, a desordem, pois em um universo de pura ordem não haveria inovação, evolução. Em contrapartida, em um universo de pura desordem não haveria estabilidade para se buscar a organização. Assim, a desordem se constitui uma resposta inevitável ao caráter sistemático, abstrato e simplificador da ordem. Não há receita para a ordem permanente (o equilíbrio), o que existe são buscas constantes de regeneração (ordem).

Na atual realidade que permeia o mundo contemporâneo, Morin (2000) revela que neste processo da mutação faz-se urgente uma reforma do pensamento que entre em sintonia com a nova ótica, por meio da qual o mundo vem sendo redescoberto pelas ciências e transformado pela informática.

Está havendo, neste período da modernidade, um confronto entre o mundo das certezas (herança da tradição, explicável por leis naturais, simples e imutáveis) e o mundo das incertezas, gerado pelo atual tempo de transformações (mundo complexo), que põe em xeque o tradicional em que se apoiava o conhecimento herdado. Sendo importante lembrar que uma das revolucionárias descobertas deste tempo é de que a ciência já não mais reside no reino da certeza, o que remete ao pensamento complexo proposto por Morin, que é a busca de uma nova percepção de mundo, a partir de um novo olhar, o da complexidade. Este pensamento complexo é "capaz de tratar o real, de dialogar e de negociar com ele" (MORIN, 2001, p. 8). Mas, essas transformações dependem da conscientização dos homens, em relação a elas e ao novo lugar que cabe a cada um dos indivíduos neste novo universo.

O pensamento complexo aspira ao conhecimento multidimensional, mesmo sabendo que o conhecimento completo é impossível. Trata-se de um pensamento embasado em um saber não fragmentado, não fechado, não redutor e que reconhece o inacabado, o incompleto (MORIN, 2002a).

A Teoria da Complexidade estabelece seus fundamentos a partir da:

a) Teoria dos sistemas e da cibernética – considera que desde o átomo à sociedade podem ser considerados sistemas, ou seja, "associação combinatória de elementos diferentes". Estes sistemas podem ser abertos (necessitam do meio exterior para manter-se em equilíbrio) ou fechados (não necessitam do meio exterior). Todavia o sistema só pode ser compreendido incluindo-o no meio exterior.

b) Teoria da informação – é um ponto de partida; um aspecto limitado e superficial de um fenômeno, apresentando lacunas e incertezas e abrangendo dois aspectos: o comunicacional (matriz organizacional) e o estatístico (ignora o aspecto organizacional).

c) Teoria da organização – a organização não é um conceito fechado, é uma concretização do sistemismo; um desenvolvimento ainda não atingido. Há a organização viva (auto-organização); a desorganização (entropia); a reorganização (neguentropia) e a autoeco-organização (depende do meio externo) (MORIN, 2002a).

Desta forma, a Teoria da Complexidade apoia-se, inicialmente, e avança a partir das concepções teóricas dos sistemas, da organização, da informação e da cibernética, porque:

a) considera que o conhecimento não se reduz a incerteza (a informação);

b) compreende incertezas, indeterminações e fenômenos aleatórios como o progresso do conhecimento (sistema aberto);

c) a concepção do conhecimento está associado aos pressupostos da organização, da auto-organização e da desordem;

d) compreende o mundo como horizonte de realidades mais vastas;

e) reconhece a sociedade, o conhecimento, o ser humano como sistema aberto;

f) o sujeito e o mundo interagem e se desenvolvem. Reconhecem-se como um sistema aberto de interações e revitalização.

O pensamento complexo supõe o mundo, como um horizonte de um ecossistema, e reconhece o sujeito como um ser pensante, e este sujeito se reconhece no ecossistema e deve ser integrado em um metassistema (horizonte de realidades mais vastas).

De acordo com Morin (2001b, p. 61), "só existe objeto em relação a um sujeito (que observa, isola, define, pensa) e só há sujeito em relação a um meio objetivo (que lhe permite reconhecer-se, definir-se, pensar-se etc., mas também existir)".

Para Morin (2003b) o objeto e o sujeito, abandonados cada um a eles próprios, são conceitos insuficientes.

> *A ideia de universo puramente objetivo está privada não apenas de sujeito, mas do meio e do além; e de uma extrema pobreza, fechada sobre si mesma, repousando unicamente sobre o postulado da objetividade, cercada por um vazio insondável como, no seu centro, lá onde o pensamento deste universo, um outro vazio insondável. O conceito de sujeito, que atrofiado ao nível empírico, que hiperatrofiado ao nível transcendental, está por sua vez desprovido de meio ambiente e, aniquilando o mundo, fecha-se no solipsismo.*

Neste sentido Edgar Morin nos mostra o surgimento de um grande paradoxo: sujeito e objeto são indissociáveis, mas o modo de pensar exclui um pelo outro, deixando-nos somente livres de escolher, segundo as circunstâncias do trabalho entre o sujeito metafísico e o objeto positivista (MORIN, 2003b).

> *[...] a disjunção sujeito/objeto, ao fazer do sujeito um "ruído", um "erro", operava ao mesmo tempo a disjunção entre o determinismo, próprio do mundo dos objetos e a indeterminação que se tornava particularidade do sujeito. Na medida em que se valoriza o objecto, valoriza-se por isso o determinismo, Mas se se valoriza o sujeito, então a indeterminação torna-se riqueza, fervilhar da possibilidade, liberdade. E assim toma rosto o paradigma chave do Ocidente: o objeto é o cognoscível, o determinável, o isolável, e consequentemente o manipulável. [...] O sujeito é o desconhecido, desconhecido porque indeterminado, porque espelho, porque estranho, porque totalidade. Assim na ciência do Ocidente, o sujeito é o tudo-nada; nada existe sem ele, mas tudo o exclui; é como o suporte de toda a verdade, mas ao mesmo tempo é apenas "ruído" e erro diante do objeto.*

Morin (2003b) parte do sistema autoeco-regulador e remoto, de complexidade em complexidade, para chegar a um sujeito reflexivo que não é outro senão eu próprio que tento pensar a relação sujeito-objecto. A partir deste sujeito reflexivo na busca de seu fundamento, encontro a sociedade, a história desta sociedade na evolução da humanidade, o homem auto--eco-organizador. Sujeito e Objecto são constitutivo um do outro.

O entendimento do paradigma da complexidade, requer, *a priori*, o entendimento do paradigma da simplicidade, que põe ordem, como as leis, os princípios, no universo, expulsando a desordem. Morin considera a desordem no processo da complexidade. A desordem é um universo da física ligado ao trabalho, à transformação. "A complexidade da relação ordem/desordem/organização surge quando se verifica empiricamente que fenômenos desordenados são necessários em certas condições, em certos casos, para a produção de fenômenos organizados, que contribuem para o aumento da ordem" (MORIN, 2001, p. 91).

A complexidade leva à insegurança, à aspiração da completude. Mas nunca pode-se ter um saber total, pois "a totalidade é a não verdade" (ADORNO. In: MORIN, 2001, p. 100). A complicação é um elemento constituinte da complexidade, ou seja, é a confusão extrema das inter-retroações.

Assim, Morin (2001) analisa a complexidade e a organização a partir do cotidiano das pessoas, no trabalho e na vida em sociedade. Metaforicamente, Morin compara a complexidade de uma tapeçaria, com diversos tipos de fios, a uma organização, onde, cada indivíduo, de forma sintética, concorre para o conjunto.

Para Morin (2001), a ideia de complexidade comporta a impossibilidade de unificar, da incerteza, considerando um navegar entre a ciência e a não ciência. Reafirmando que a complexidade é um desafio e não uma resposta, porque: (1) comporta imperfeições e incertezas; (2) a simplificação é necessária, mas deve ser relativizada; (3) é a alternativa de escapar do pensamento redutor (vê os elementos) e do global (vê o todo); (4) aceita a contradição e a incerteza; e (5) a dialógica relação entre a ordem-desordem-organização. Ao mesmo tempo em que distingue sabedoria, conhecimento e informação. Sabedoria é reflexiva; conhecimento é organizador e informação se apresenta em formas de unidades rigorosamente designáveis.

O pensamento complexo embasa-se *a priori*, na teoria dos sistemas, na cibernética, na Teoria da Organização e na Teoria da Informação. Pressupostos sistêmicos que possibilitam a Morin conceber a realidade a partir de um sistema vivo em movimento, em constantes mudanças e, em que há ordem, desordem, interação e organização. Quando este movimento se interrompe há a entropia, ou seja, a morte do sistema.

É possível entender a filosofia do pensamento complexo de Morin a partir de um tetragrama:

a) os sistemas vivos se desenvolvem em um processo de organização ativa (ordem);

b) toda informação encontra outra que a procede (interação);

c) este processo gera interferências (desordem);

d) é necessária uma disposição de relações entre os elementos que produzem um sistema para descobrir qualidades desconhecidas que se expressam com as atividades (organização).

A partir deste tetragrama é possível entender a epistemologia do pensamento complexo, considerando a incerteza como uma constante, como quando acontece com as crises, elementos essenciais na constituição do pensamento complexo, pois exigem novas estratégias, novas ações para novas saídas de um sistema, já em falência. Exige um sistemático repensar, reflexionar *com* e *no meio* em que o sujeito está inserido, pois não há certezas, nem verdades.

A complexidade de novo mundo em processo é, assim, a nova perspectiva, por meio da qual o novo conhecimento deve ser procurado. É essa a grande bandeira que Morin levanta em sua caminhada pelo mundo, instigando as pesquisas de um novo saber e apontando o pensamento complexo por meio do método transdisciplinar, como possíveis caminhos de busca. Está aí o cerne da Teoria da Complexidade, o conhecimento a ser descoberto, não mais isolado como algo-em-si, mas em suas complexas relações com o contexto a que pertence.

Na esteira do pensamento complexo, o que vale ressaltar é o fato de que, em lugar do sujeito seguro, baseado em certezas absolutas (pensamento tradicional), está hoje um sujeito interrogante (tal qual um aprendiz), diante de mundo caótico, em acelerada transformação (que ele mesmo criou), tentando encontrar um novo centro, para uma nova ordem (mesmo que provisória), em meio a um mar de dúvidas e de incertezas que o assaltam.

É desse "sujeito interrogante", que está no centro da busca e do objetivo-alvo, que tudo depende. O mundo atual está em busca de uma nova forma, e o fato é que tudo depende do sujeito, cuja principal via de ação é a busca do novo conhecimento, da complexidade, a partir da autoconscientização deste indivíduo.

Alguns princípios da teoria da complexidade são essenciais para começar uma reflexão epistêmica sólida. Citar-se-ão neste livro os seguintes princípios: princípio sistêmico ou organizacional; o princípio hologramático; princípio do anel retroativo; princípio do anel recursivo; princípio de autoeco-organização (autonomia/dependência); princípio dialógico e princípio da reintrodução.

Princípio sistêmico ou organizacional: liga o conhecimento das partes ao conhecimento do todo, conforme a ponte indicada por Pascal e mencionada antes: "Tenho por impossível conhecer o todo sem conhecer as partes, e conhecer as partes sem conhecer o todo." A ideia sistêmica, oposta à reducionista, entende que "o todo é mais do que a soma das partes". Do átomo à estrela, da bactéria ao homem e à sociedade, a organização do todo produz qualidades ou propriedades novas em relação às partes consideradas isoladamente: as emergências.

A organização do ser vivo gera qualidades desconhecidas de seus componentes físico-químicos. Acrescentemos que o todo é menos do que a soma das partes, cujas qualidades são inibidas pela organização de conjunto.

Princípio hologramático: (inspirado no holograma, no qual cada ponto contém a quase totalidade da informação do objeto representado): coloca em evidência o aparente paradoxo dos sistemas complexos, onde não somente a parte está no todo, mas o todo se inscreve na parte. Cada célula é parte do todo – organismo global –, mas o próprio todo está na parte: a totalidade do patrimônio genético está presente em cada célula individual; a sociedade como todo aparece em cada indivíduo, através da linguagem, da cultura, das normas.

Princípio do anel retroativo: introduzido por Norbert Wiener, permite o conhecimento dos processos de autorregulação. Rompe com o princípio de causalidade linear: a causa age sobre o efeito, e este sobre a causa, como no sistema de aquecimento no qual o termostato regula a situação da caldeira. Esse mecanismo de regulação permite a autonomia do sistema, neste caso, a autonomia térmica de um apartamento em relação ao frio exterior. De maneira mais complexa, a "homeostase" de um organismo vivo é um conjunto de processos reguladores fundados sobre múltiplas retroações. O anel de retroação (ou *feedback*) possibilita, na sua forma negativa, reduzir o desvio e, assim, estabilizar um sistema. Na sua forma mais positiva, o *feedback* é um mecanismo amplificador; por exemplo, na situação de apogeu de um conflito: a violência de um protagonista desencadeia uma reação violenta que, por sua vez, determina outra reação ainda mais violenta. Inflacionistas ou estabilizadoras, as retroações são numerosas nos fenômenos econômicos, sociais, políticos ou psicológicos.

Princípio do anel recursivo: supera a noção de regulação com a de autoprodução e auto-organização. É um anel gerador, no qual os produtos e os efeitos são produtores e causadores do que os produz. Nós, indivíduos, somos os produtos de um sistema de reprodução oriundo do fundo dos tempos.

Mas esse sistema só pode reproduzir-se se nós mesmos nos tornamos produtores pelo acasalamento. Os indivíduos humanos produzem a sociedade nas – e através de – suas interações, mas a sociedade, enquanto todo emergente, produz a humanidade desses indivíduos aportando-lhes a linguagem e a cultura.

Princípio de autoeco-organização (autonomia/dependência): os seres vivos são auto-organizadores que se autoproduzem incessantemente, e através disso despendem energia para salvaguardar a própria autonomia. Como têm necessidade de extrair energia, informação e organização no próprio meio ambiente, a autonomia deles é inseparável dessa dependência, e torna-se imperativo concebê-los como auto-eco-organizadores. O princípio de autoeco-organização vale evidentemente de maneira específica para os humanos, que desenvolvem a sua autonomia na dependência da cultura, e para as sociedades que dependem do meio geoecológico. Um aspecto determinante da autoeco-organização é que esta se regenera em permanência a partir da morte de suas células, conforme a fórmula de Heráclito, "viver de morte, morrer de vida", e que as duas ideias antagônicas de morte e de vida são aí complementares, mesmo permanecendo antagônicas.

Princípio dialógico: vem justamente de ser ilustrado pela fórmula heraclitoniana. Une dois princípios ou noções devendo excluir um ao outro, mas que são indissociáveis numa mesma realidade. Deve-se conceber uma dialógica ordem/desordem/organização desde o nascimento do universo: a partir de uma agitação calorífica (desordem) onde, em certas condições (encontros ao acaso), princípios de ordem permitirão a constituição de núcleos, átomos, galáxias e estrelas. Tem-se ainda essa dialógica quando da emergência da vida através dos encontros entre macromoléculas no interior de uma espécie de anel autoprodutor, que terminará por se tornar auto-organização viva. Sob as formas mais diversas, a dialógica entre a ordem, a desordem e a organização, através de inumeráveis inter-retroações, está constantemente em ação nos mundos físico, biológico e humano. A dialógica permite assumir racionalmente a associação de noções contraditórias para conceber um mesmo fenômeno complexo. Niels Bohr reconheceu, por exemplo, a necessidade de ver as partículas físicas ao mesmo tempo como corpúsculos e como ondas. Nós mesmos somos seres separados e autônomos, fazendo parte de duas continuidades inseparáveis, a espécie e a sociedade. Quando se considera a espécie ou a sociedade, o indivíduo desaparece; quando se considera o indivíduo, a espécie e a sociedade desaparecem. O pensamento complexo assume dialogicamente os dois termos que tendem a se excluir.

Princípio da reintrodução daquele que conhece em todo conhecimento: esse princípio opera a restauração do sujeito e ilumina a problemática cognitiva central: da percepção à teoria científica, todo conhecimento é uma reconstrução/tradução por um espírito/cérebro numa certa cultura e num determinado tempo.

Eis alguns dos princípios que guiam os procedimentos cognitivos do pensamento complexo. Não se trata, de forma alguma, de um pensamento que expulsa a certeza com a incerteza, a separação com a inseparabilidade, a lógica para autorizar-se todas as transgressões. Não se trata portanto de abandonar os princípios de ordem, de separabilidade e de lógica – mas de integrá-los numa concepção mais rica. Não se trata de opor um holismo global vazio ao reducionismo mutilante. Trata-se de repor as partes na totalidade, de articular os princípios de ordem e de desordem, de separação e de união, de autonomia e de dependência, em dialógica (complementares, concorrentes e antagônicos) no universo.

A produção do conhecimento deve assumir a complexidade e a multidimensionalidade do fenômeno social e humano. A busca pela emancipação se concretiza neste método.

3.10 Método funcionalista

Os funcionalistas, em relação aos fenômenos sociais e principalmente as instituições, os costumes e usos sociais, procuram refletir sobre as funções que eles preenchem e o papel que desempenham. A ideia do organicismo de reportar as funções à sociedade os funcionalistas evitam.

O método funcionalista busca a explicação da regularidade de comportamentos mostrando que estas servem para manter o grupo coeso e contribuem para que suas finalidades sejam alcançadas. Este método tem uma pretensão científica no sentido de propor explicações sistemáticas daquilo que ocorre na organização social como um todo. Analisa as ações e relações sociais a partir dos interesses e valores sociais.

Este método de explicação do social teve seu início fundante no evolucionismo de Spencer, que compara a sociedade a um organismo. Os autores que realmente aprofundaram o conceito de função social foram Durkheim, Malinowski e Radcliffe Brown.

Émile Durkheim foi o precursor do método funcionalista com a obra *Regras do método sociológico*. Esta obra é um escrito metodológico voltado para a investigação e explicação sociológica. Depois da *Divisão Social do Trabalho* seus princípios metodológicos são inferidos dessa investigação. Estes princípios são postos à prova e aplicados na obra *O suicídio*, em que a manipulação de dados empíricos é feita pela primeira vez numa pesquisa sociológica de forma sistemática e devidamente delimitada. Posteriormente Durkheim apresenta o método de análise de dados etnográficos aplicado numa perspectiva sociológica. A fase de grande originalidade do autor se dá com a publicação de *As formas elementares da vida religiosa*. A originalidade do ponto de vista metodológico se dá na medida em que a manipulação de dados etnográficos permite a análise de representações coletivas, que são representações mentais, simbólicas que são imagens da realidade empírica. Durkheim mostra, portanto, que o objeto da sociologia é o fato social.

O princípio de Comte de que às leis sociais e naturais deve ser aplicado o mesmo método influencia na construção teórica de Durkheim. Busca as explicações das causas funcionais das organizações sociais ou dos papéis sociais que lhes permitem uma articulação no todo, interessando a ação social.

Malinowski foi influenciado pela metodologia desenvolvida por Durkheim. Este influencia os antropólogos a afirmarem que Malinowski e Radcliffe-Brown são os precursores do funcionalismo na antropologia. Malinowski foi o pai do funcionalismo etnográfico ou de uma Etnografia Funcionalista na antropologia. A principal contribuição de Malinowski à antropologia foi o desenvolvimento de um novo método de investigação de campo, cuja origem remonta à sua experiência de pesquisa na Austrália, inicialmente com o povo Mailu e posteriormente com os nativos das Ilhas Trobriand. Este antropólogo contribuiu com inúmeras monografias de campo que revolucionaram a etnologia. Observava todos os usos, costumes ou crenças que se relacionam com o funcionamento de uma sociedade, formando um sistema. Mostrou que toda sociedade constitui um sistema onde cada costume tem uma função a desempenhar e que esta não representa restos de um passado. Toda atividade social tinha uma função e se integrava às demais. Todos os fenômenos só eram compreendidos e inteligíveis dentro de um contexto da totalidade social.

Radcliffe-Brown também foi influenciado pelo método funcionalista de Durkheim. Radcliffe viu nas sociedades primitivas sistemas que funcionavam e não um amontoado de costumes selvagens, enquanto sistemas eram compostos de partes correlacionadas entre si e coordenadas ao todo. Eram compostas de estruturas. As partes, como os usos, cumprem funções no sentido de contribuirem para a totalidade funcional.

Estes precursores combateram as tendências difusionistas e historicistas. O difusionismo é a teoria que trata do desenvolvimento de culturas e tecnologias, particularmente na história antiga. Para esta teoria uma determinada inovação foi iniciada numa cultura específica, para só então ser difundida de várias maneiras a partir desse ponto inicial. É, portanto, o estudo da propagação ou difusão das ocorrências e sua influência no desenvolvimento cultural. Já o historicismo designa uma forma de abordagem dos fenômenos e das culturas humanas. Visa à reconstituição histórica e se interessa pelo acontecimento em seu desdobramento. O funcionalista analisa o que realmente acontece, pois se fundamenta na noção de que as configurações do mundo humano sempre são o resultado de processos históricos de formação, os quais são passíveis de ser mentalmente reconstruídos e, portanto, compreendidos.

Hoje, o funcionalismo é um recurso explicativo que segundo a visão dos funcionalistas é necessário à lógica do método científico, pois busca dar um tratamento aos problemas empíricos.

Para Fernandes (1970, p. 194) o objeto de estudo do funcionalismo é "qualquer fenômeno social, padrões de comportamentos, valores sociais, ação social, relação social, personalidade, grupo social, instituição, estrutura social, processo social e sistema social global".

É um método que analisa tudo que contribui para a manutenção do equilíbrio entre as estruturas e suas funções. Para Florestan Fernandes (1970) a ideia de que a análise funcionalista se preocupa com a continuidade do sistema social só em termos de reprodução da ordem social existente, da estabilidade social, é notariamente falaciosa e inadequada.

Para Araújo (1998, p. 104) "o funcionalismo pretende ser um recurso metodológico para a explicação funcional, tanto na fase da descrição como na fase da elaboração de leis, resultados da formalização das observações de conexões funcionais".

Na sociologia norte-americana, Talcott Parsons é representante da corrente estrutural-funcional. Parsons define a ação como atividade que se relaciona com coisas fora do organismo, que estão no ambiente. No seu livro *The social system* (1952) era alcançar a homeostasis, a manutenção da estabilidade, do equilíbrio permanente, fazendo com que só pudéssemos entender uma parte qualquer a ser estudada em função do todo. A racionalidade da produção fabril determinou sua a concepção da Teoria Social. Seu pensamento visava à adaptação, integração e manutenção. Em hipótese alguma buscava transformação. Seu pensamento era expressão da época dos anos de 1950-60 nos Estados Unidos.

Para Parsons (1967, p. 57) o objeto da sociologia "se ocupa dos fenômenos da institucionalização dos padrões de orientações de valor no sistema social, das condições dessa institucionalização e das mudanças dos padrões, das condições de conformidade e desvio em relação a esses padrões, e dos processos motivacionais na medida em que estão implicados em todos eles".

A intensão de Parsons foi de criar uma estrutura conceitual capaz não só de abarcar toda a sociologia, mas também de integrar as restantes ciências sociais. Tomou como ponto de partida para as suas teses a ação social, tentando sintetizar a análise da ação individual e a análise dos sistemas sociais de larga escala. A ação é analisada como atividade em que se relacionam coisas fora do organismo, que estão no ambiente. A relação entre organismo e ambiente é o que ele denominava de situação. A ação humana comporta o sistema social, o organismo comportamental e o sistema cultural.

A ação social surge da partilha de normas e valores. No seu livro *The structure of social action*, defende a tese da importância da integração de normas partilhadas no quadro de necessidades das pessoas. Todos os sistemas sociais podem ser estudados a partir das necessidades funcionais: a manutenção das normas (estabilidade derivada da motivação para desempenhar tarefas), a integração (coordenação interna), a prospecção de objetivos (o estabelecimento de finalidades para o sistema) e adaptação (a utilização dos recursos do meio).

Portanto, o sistema de ação social pode ser analisado com as categorias de manutenção dos padrões que controlam o sistema; sua integração interna; sua orientação para a realização de objetivos com relação ao ambiente e sua adaptação às condições físicas do ambiente.

Para Parsons (1967), manter os padrões é função da cultura. Integrar os indivíduos nos seus papéis é a função dos sistemas sociais. A função dos sistemas de personalidades se dá em torno da realização dos objetivos. A adaptação é a função do organismo comportamental.

Uma das grandes críticas realizadas ao pensamento de Parsons é a de que sua teoria não é capaz de explicar a mudança social e ele esqueceu os conflitos sociais.

No Capítulo 4, apresenta-se o passo a passo para a elaboração de uma pesquisa científica. Apesar de várias produções bibliográficas sobre o assunto, quero deixar minha contribuição para a academia.

4 Passo a passo para a elaboração de uma pesquisa científica

Através da experiência acadêmica constata-se que qualquer escrito possui fundamentalmente três partes que são distintas e ao mesmo tempo formam uma conexão fundamental para a produção do conhecimento: a introdução, o desenvolvimento e a conclusão. O método solicita o desenvolvimento de um projeto de pesquisa. Neste plano formal é necessário apresentar o tema; enunciar o problema; rever a bibliografia existente; formular hipóteses; observar e fazer os experimentos; interpretar as informações e tirar conclusões.

Num primeiro momento elencam-se os elementos essenciais de uma introdução. Na elaboração de um projeto de pesquisa é importante que todos os elementos da introdução já estejam contemplados. Na realidade a introdução é a última tarefa do pesquisador, mas, de fato, ela já vem sendo elaborada a partir do momento em que o projeto de pesquisa está sendo realizado.

4.1 Introdução

O papel do método em uma pesquisa científica é o de ordenar o encaminhamento da investigação. Não há espaço para uma busca sem objetivos definitivos. Neste sentido, a preocupação com os objetivos da pesquisa antecede o desenvolvimento do método propriamente dito. Os elementos que compõem a introdução são: a determinação do tema, o problema de pesquisa, os objetivos, a tese da pesquisa e os procedimentos metodológicos.

O pesquisador, nesta primeira etapa, escolhe e determina o assunto a respeito do qual irá se dedicar um bom tempo para concretizar a pesquisa. O pesquisador deve procurar delimitar com muita precisão o tema, que às vezes é indicado pelo orientador. É o objeto de pesquisa que provoca o pesquisador e não cabe ao orientador determinar o que o orientando deva ou não pesquisar.

A perspectiva sobre a qual o objeto é trabalhado é de extrema importância neste processo de construção do conhecimento. A perspectiva vai orientar praticamente toda a pesquisa. A visão clara do tema a ser pesquisado deve-se completar com sua colocação em termos de problema. Não se faz ciência ou filosofia sem ter clareza do problema. O tema escolhido pelo pesquisador deve, necessariamente, ser problematizado.

Ao definir o tema, o autor está se situando dentro das áreas estabelecidas do conhecimento científico. Isto permite restringir o campo de investigação.

A argumentação, o raciocínio desenvolvido pelo pesquisador visa solucionar um determinado problema. O problema deve ser um bom problema. Não há espaço na pesquisa acadêmica para falsos problemas. O pesquisador deve fazer um esforço de acompanhar o desenvolvimento do tema que quer pesquisar; entrar em contato com grupos de pesquisa no Brasil e exterior que trabalham com a temática e questionar-se constantemente se o problema levantado é realmente um bom problema.

Nunca esquecer que o problema é uma pergunta e não uma asserção, uma afirmação. Ao elaborar um bom problema a formulação da hipótese geral a ser comprovada emerge imediatamente. Ao responder o problema de pesquisa o autor está diante de uma hipótese geral. A pesquisa de modo geral busca transmitir uma mensagem ou comunicar um resultado final mediante uma exaustiva busca na construção do conhecimento. A demonstração de uma única hipótese é essencial.

Todo o raciocínio por parte do pesquisador está no sentido de demonstrar uma posição clara a respeito do tema problematizado. Portanto, na introdução o autor deverá justificar a pesquisa, apresentar o problema geral e específico, apresentar a hipótese de trabalho; apresentar os procedimentos metodológicos e descrever de forma resumida ao leitor como a pesquisa está estruturada, isto é, o que será trabalhado nos capítulos.

4.2 Desenvolvimento

Na realidade o desenvolvimento corresponde ao corpo da pesquisa. É o raciocínio lógico desenvolvido pelo autor. É estruturado a partir dos objetivos específicos que o autor determinar.

Este é o momento em que a fundamentação lógica se faz presente. É a construção racional do conhecimento que busca eminentemente explicar, discutir e demonstrar. O autor, depois de uma leitura, deverá tornar evidente o que estava implícito descrevendo, classificando e definindo com muita precisão e logicidade a discussão das posições que às vezes são contrárias e contraditórias. A demonstração se concretizará a partir da argumentação apropriada à natureza da pesquisa.

No desenvolvimento da pesquisa o autor vai revelando ao leitor a sua opção epistemológica e o método adotado através de um raciocínio lógico tentando responder o problema da pesquisa e concretizando sua hipótese de forma positiva ou negativa.

É imprescindível uma boa fundamentação teórica. O autor deve referenciar todas as anotações com muito rigor. O importante é tecer um raciocínio coerente para defender uma ideia. A clareza e precisão são fundamentais.

Apresentar a bibliografia consultada é obrigatório, pois todo o trabalho científico é fundamentado em uma pesquisa bibliográfica. Todas as publicações utilizadas no decorrer do texto deverão estar listadas de acordo com as normas da ABNT para referências bibliográficas.

4.3 Conclusão

A conclusão é o momento da pesquisa em que o autor faz uma síntese de toda a pesquisa. Toda conclusão deve ser breve. É o momento de recapitular de forma sintética os resultados da pesquisa.

A retomada do problema e dos objetivos se faz neste momento. O pesquisador responde a partir da tese argumentada e apresenta os argumentos utilizados de forma coerente e clara. É oportuno apresentar recomendações para pesquisas futuras.

4.4 Etapas da investigação científica

De forma resumida o esquema geral para um bom começo no processo de produção do conhecimento é o seguinte: introdução, onde o pesquisador faz a delimitação do tema, a problematização do tema, a formulação da hipótese de trabalho e a apresentacão dos procedimentos metodológicos e dos objetivos (geral e específicos). O desenvolvimento, que é o raciocínio lógico mediante um texto empregando um procedimento adequado. A conclusão, que é a retomada dos resultados mediante a recolocação do problema tentando uma resposta pela tese e sua comprovação pela argumentação.

Na investigação científica deve-se levar em consideração o descobrimento do problema ou lacuna num conjunto de conhecimento. O problema deve ser enunciado com clareza. A colocação precisa do problema em termos quantitativos ou qualitativos é essencial no sentido de recolocar um velho problema à luz de novos conhecimentos. É importante examinar bem o conhecido para tentar resolver o desconhecido. A procura de conhecimentos ou de instrumentos relevantes ao problema é um passo no processo de construção do conhecimento. O pesquisador procura a solução do problema com auxílio dos meios identificados. Nesta busca criativa, a invenção de novas ideias ou produção de novos dados empíricos para resolver o problema é um passo vital para o pesquisador.

Buscar a obtenção de uma solução do problema com auxílio do instrumental conceitual ou empírico levantado é uma etapa importante na investigação científica, juntamente com a prova ou comprovação da solução. O resultado será satisfatório quando a pesquisa é dada por concluída. Quando o resultado não é satisfatório busca-se a correção das hipóteses, das teorias, dos procedimentos ou dados empregados na obtenção da solução incorreta.

É necessária a observação atenta dos fatos ou dados, que se pode verificar pelos sentidos ou pela inteligência. Observações e investigações constantes e em circunstâncias diferentes de tempo, de lugar, de combinações e relações recíprocas. Neste sentido necessita-se de instrumentos.

A hipótese ou suposição conduzem o pesquisador a uma explicação provisória, baseada na repetição e na coincidência dos fenômenos. A explicação deve basear-se na natureza mesma das coisas observadas.

A experimentação ou comprovação da hipótese dada é o essencial na pesquisa científica. A prova decisiva da verdade da hipótese é geralmente muito complexa e difícil. Neste sentido está sujeita a erros e enganos.

A *generalização*, estabelecimento de leis ou princípios gerais é uma tarefa difícil e é sempre crítica, sujeita a falhas e enganos, apesar de todo o rigor nos procedimentos anteriores. Nem sempre se consegue chegar a conclusões, princípios ou leis gerais baseados na natureza mesma das coisas, mas se tem de contentar-se com simples aproximações.

Nas ciências humanas, as leis devem ser formuladas de maneira incompleta e abertas, sem um rigor matemático. Para o pesquisador, a observação pode ser empírica e científica. A empírica é natural e espontânea, não metódica nem sistemática. A observação científica é reflexa, rigorosa, metódica, sistemática e exata, sempre orientada para a explicação dos fatos. Os sentidos e instrumentos intervêm na observação, além da inteligência do pesquisador. Os instrumentos são complementação e extensão dos sentidos e da inteligência. Sem a observação e experimentação a ciência não teria base objetiva e real.

As principais etapas da investigação científica podem ser resumidas da seguinte forma:

1. Descobrimento do problema ou lacuna num conjunto de conhecimento.

2. Colocação precisa do problema, dentro do possível em termos matemáticos, ainda que não necessariamente quantitativos. É interessante a recolocação de um velho problema à luz de novos conhecimentos.

3. Procura de conhecimentos ou de instrumentos relevantes ao problema.

4. Examinar bem o conhecido para tentar resolver o desconhecido.

5. Tentativa de solução do problema com auxílio dos meios identificados.

6. Se a tentativa resultar inútil busca-se invenção de novas ideias, hipóteses, teorias ou técnicas.

7. Obtenção de uma solução do problema, com auxílio do instrumental conceitual ou empírico disponível.

8. Investigação das consequências da solução obtida. Se for uma teoria, procura prognósticos que possam ser feitos com seu auxílio. Se forem novos dados, exames das consequências que possam ser para as relevantes teorias.

9. Prova ou comprovação da solução, isto é, confronto da solução com a totalidade das teorias e da informação empírica impertinente.

10. Se o resultado é satisfatório, a pesquisa é dada por concluída.

11. Se o resultado não for satisfatório é necessária a correção das hipóteses, teorias, procedimentos ou dados empregados na obtenção da solução incorreta.

12. Começar o processo várias vezes para chegar realmente a uma conclusão científica e comprovada é uma prática comum para quem realmente quer fazer ciência.

13. Conformar-se com uma explicação provável e provisória também faz parte da vida de um pesquisador.

Nas ciências experimentais as leis possuem mais rigor e exatidão que nas ciências humanas, pois enquanto estas estão condicionadas, mais ou menos, à liberdade humana, aquelas seguem o curso fatal do determinismo da natureza. Deste fato, entretanto, não se pode concluir que as ciências humanas se constituem em simples opiniões mais ou menos viáveis.

Nas ciências humanas, principalmente, as leis devem ser formuladas, em muitos casos, de maneira incompleta e abertas, sem um rigor matemático. As ciências humanas estudam o que se refere ao comportamento e às atividades, tanto individuais como coletivas, do homem, enquanto ser inteligente, racional e livre.

Geralmente, as ciências humanas, em relação à precisão e ao rigor de seus resultados, ocupam um lugar na hierarquia das ciências. Esta realidade se explica porque muitos fatos considerados nas ciências humanas não são atingidos diretamente. Isto acarreta dificuldades para as generalizações. Os fatos humanos implicam maior complexidade que os quantitativos ou físicos.

Com a complexidade, crescem as dificuldades e as ocasiões de erros e confusão. Nesta situação surge a diversidade de opiniões, que são desconcertantes sobre diversos assuntos das ciências humanas. Os fenômenos físicos podem ser previstos e alguns provocados para ser melhor observados; enquanto isso, a liberdade, que interfere mais ou menos nos atos humanos, impede qualquer previsão exata e tornam apenas aproximativos os cálculos nas ciências humanas.

As ciências da natureza tratam de fatos e objetivos materiais, que se podem pesar e medir, e esta intervenção de medida comunica aos resultados um pouco de rigor matemático. Os fatos humanos, por serem qualitativos, não são aplicáveis a qualquer avaliação quantitativa.

As ciências humanas são de resultados menos rigorosos, entretanto, expressam suficiente estabilidade e constância, a ponto de poder fundamentar verdadeiras ciências. As ciências humanas devem ter as seguintes condições para se constituírem em ciência: os fenômenos que estudam são reais e distintos dos tratados nas ciências experimentais; as causas e leis descobertas nesta área exprimem relações necessárias entre os fatos e entre os atos e suas conclusões têm um caráter incontestável de certeza, embora de ordem diferente da certeza das ciências experimentais.

Em relação à precisão e rigor, nas ciências humanas, muitos fatos não são atingidos diretamente. Como por exemplo os fenômenos psíquicos, que apenas se manifestam no comportamento, acarretam dificuldade para a generalização. Os fatos humanos implicam em maior complexidade do que os quantitativos ou físicos. Com a complexidade crescem as dificuldades e, por conseguinte, as ocasiões de erros e confusão. Aqui reside a origem da diversidade de opiniões, por vezes desconcertante, sobre diversos assuntos das ciências humanas.

Os fenômenos físicos podem ser previstos e alguns provocados para serem melhor observados. A liberdade que interfere mais ou menos nos atos humanos impede qualquer previsão exata e toma apenas aproximadamente os cálculos nas ciências humanas. As ciências da natureza tratam de fatos e objetos materiais, que se pode pesar e medir. Esta intervenção de medida comunica aos resultados um pouco de rigor matemático. Aos fatos humanos, por serem qualitativos, não é aplicável qualquer avaliação quantitativa.

As ciências humanas são de resultados menos rigorosos, entretanto, expressam suficiente estabilidade e constância, a ponto de poder fundamentar verdadeiras ciências.

4.5 A interdisciplinaridade na investigação científica

Escrever sobre interdisciplinariedade é razoavelmente uma tarefa fácil. Concretizar investigações científicas de forma interdisciplinar é uma tarefa árdua e difícil.

O que o autor pretende neste tópico é apresentar um processo de pesquisa interdisciplinar a partir das contribuições da professora Magda Zanoni da Universidade de Paris 7. O autor acredita que apresentar uma pesquisa em andamento é muito mais interessante do que apenas apresentar as bases teóricas da interdisciplinaridade.

A professora Magda Zanoni proferiu uma palestra no 5º Seminário de Sustentabilidade na cidade de Curitiba no ano de 2011. Este Seminário sobre Sustentabilidade foi uma realização do Programa Interdisciplinar em Organizações e Desenvolvimento da FAE – Centro Universitário tendo como Instituição Parceira o Programa de Pós-Graduação em Meio Ambiente de Desenvolvimento – MADE da Universidade Federal do Paraná.

O tema da palestra da Professora Magda Zanoni foi *Evolução e diferenciação da agricultura, transformação do meio natural e desenvolvimento sustentável em espaços rurais do sul do Brasil: programa interdisciplinar de pesquisa*.

O objetivo da palestra foi discutir sobre o papel da interdisciplinaridade na pesquisa e no ensino sobre desenvolvimento, meio ambiente e sustentabilidade. A professora Magda Zanoni apresentou uma pesquisa realizada envolvendo as seguintes Universidades: Universidade Federal do Rio Grande do Sul (Programas de Pós-Graduação em Desenvolvimento Rural, em Enfermagem e em Geografia); Universidade Paris 10; Universidade Paris 7; Universidade Bordeaux 2 e Universidade Federal do Paraná.

Para Magda Zanoni os princípios teóricos e metodológicos da pesquisa interdisciplinar são os seguintes: ultrapassar limites disciplinares; responder a necessidades específicas; polissemia e multicentrismo das noções de desenvolvimento rural e meio ambiente; interdisciplinaridade construída progressivamente. O ponto de partida: área geográfica (empírico) comum e a construção coletiva dos instrumentos como especificidade metodológica.

As motivações da pesquisa são: leituras disciplinares de uma realidade complexa: economia, sociologia, ciências da saúde, geografia, educação, ecologia, agronomia; interações entre as dinâmicas sociedade-natureza no quadro do desenvolvimento rural, enquanto processo de mudanças sociais e naturais; e responder a uma demanda social.

Os objetivos e as metas da pesquisa são: promover um conjunto de estudos estruturados em torno de um arcabouço analítico comum; identificar os entraves existentes para a transformação socioeconômica e produtiva, incluindo a dimensão ambiental; avaliar os avanços teóricos e metodológicos da pesquisa interdisciplinar (seminários); apontar demandas que possam orientar um esforço acadêmico de pesquisa; e fortalecer laços cooperativos entre a pesquisa e a ação para o desenvolvimento rural.

A metodologia da pesquisa apresentada apresentava quatro etapas. As etapas são as seguintes: primeira etapa (interdisciplinar): elaboração de uma tipologia das situações locais mais significativas; elaboração de uma problemática comum; segunda etapa (disciplinar): aprofundamento das problemáticas disciplinares e suas relações com o desenvolvimento rural; terceira etapa (disciplinar): realização de pesquisas disciplinares quanti e qualitativas; e quarta etapa (disciplinar e interdisciplinar): análise das interfaces a partir das abordagens das diferentes disciplinas.

A professora Magda Zanoni salientou a importância das etapas metodológicas, afirmando que a fase inicial foi a definição da temática, desenvolvimento rural. Nesta primeira etapa foi necessário realizar oficinas de pesquisa; definição da área empírica e definição de instrumentos para a construção da problemática. Na segunda etapa realizaram-se a definição e a construção do programa interdisciplinar e a articulação das hipóteses de cada área de conhecimento. Na terceira etapa foi necessário criar um acordo com cada área do conhecimento envolvida no programa (Agronomia, Saúde, Sociologia, Geografia, Antropologia e Educação). E a quarta etapa foi a da consolidação das interfaces a partir dos resultados.

Em relação aos resultados da pesquisa, Magda apresentou o seguinte: a área empírica foi Camaquã, Arambaré, Chuvisca, São Lourenço do Sul, Cristal, Canguçu, Encruzilhada do Sul e Santana da Boa Vista. Evidencia-se um fenômeno de marginalização social; declínio do ponto de vista econômico; existência de diversidade social, de sistemas produtivos e heterogeneidade dos sistemas naturais.

A escolha de certo número de indicadores para a análise das dinâmicas sociais e naturais da área de estudo (oito municípios) foi de extrema importância; a elaboração a partir destes indicadores de mapas temáticos, que foram cruzados, resultando em mapas de síntese: situação demográfica, situação de apropriação privada do fundiário, situação econômica, técnico-agrícola, uso agrosilvopastoril da terra, geoecológica; pesquisa de campo para a confrontação dos dados secundários obtidos; e elaboração da problemática comum a todas as disciplinas que integram o programa.

Cabe ressaltar que a problemática apresentada mostra: um objeto de pesquisa complexo (híbrido) do espaço rural definido por dinâmicas sociais (políticas, econômicas, tecnológicas) e naturais; um processo permanentemente evolutivo, interativo e pautado pela manifestação concreta de especificidades dessas dinâmicas no plano espacial e uma necessidade de ultrapassar os modelos explicativos lineares para trabalhar o objeto híbrido a partir da colaboração entre várias áreas do conhecimento.

A apresentação das interfaces sociedade-natureza apresentadas pela professora Magda foi significativa na consolidação da interdisciplinaridade. Na interface do campo *meio natural* com os demais campos ressalta-se: quais as percepções dos agricultores rurais e gestores em relação às desigualdades sociais referentes às restrições e potencialidades do meio natural? Como os saberes dos agricultores, incorporados nas suas práticas agrícolas, contemplam as especificidades do meio natural, no sentido de que eles possam ultrapassá-las e, ao mesmo tempo, dar condições à reprodução social e natural (sustentabilidade)? Como as práticas técnicas dos agricultores afetam as dinâmicas do meio natural e as desigualdades sociais identificadas na pesquisa? Como as desigualdades sociais influenciam formas de apropriação e uso do meio natural? De que forma as necessidades de preservação e regeneração do meio natural são levadas em conta na elaboração e implementação de políticas públicas?

Em relação às interfaces do campo técnico com os demais campos destaca-se: como as desigualdades sociais encontradas na área de estudo podem ser tributárias da implementação de sistemas técnicos ou simplesmente decorrentes da impossibilidade de apropriação de novos sistemas técnicos? Qual a implicação dos sistemas técnicos na geração das desigualdades sociais? Quais as consequências das escolhas dos sistemas técnicos sobre as dinâmicas do meio natural? Quais as consequências das escolhas técnicas sobre as condições de saúde e trabalho?

Nas interfaces do campo da saúde com os demais campos destacam-se as seguintes interrogações: quais as implicações decorrentes das desigualdades sociais para as condições de saúde e para o acesso a serviços de saúde? Como a saúde da população é afetada pela escolha dos sistemas técnicos?

Quais as estratégias que sustentam alternativas ou mediações capazes de repercutir na saúde individual e/ou coletiva?

Nas interfaces do campo da política com os demais campos, Magda apresentou as seguintes interrogações: quais as dinâmicas políticas que determinam desigualdades? Seus aspectos sociais e naturais e suas distintas manifestações presentes nos espaços ilustrativos? Ou mais amplamente, como se manifestam os processos de legitimação/dominação nesses espaços? Qual o papel das políticas públicas e dos mediadores sociais nas estratégias concebidas pelas populações para inverter as dinâmicas de empobrecimento ou para reforçar as dinâmicas de bem-estar social? Como as políticas públicas interferem nas desigualdades sociais e nas heterogeneidades naturais?

Em relação às interfaces do campo da educação e saberes de outros campos, Magda apresentou as seguintes interrogações: qual a percepção dos agentes da educação formal (autoridades escolares e professores) e não formal (animadores, agentes voluntários) a respeito das desigualdades sociais e heterogeneidades naturais? Como os agentes representam a origem e o desenvolvimento dessas desigualdades e heterogeneidades? Como as desigualdades sociais e heterogeneidades naturais identificadas são incorporadas nos programas de ação de ONGs ou movimentos de educação popular que atuam na área de estudo? Como os conhecimentos escolares incorporados no currículo das escolas abordam as desigualdades sociais e heterogeneidades naturais identificadas? Como as desigualdades sociais e heterogeneidades naturais identificadas são tratadas na elaboração e no desenvolvimento de políticas públicas para o campo da educação formal?

Magda Zanoni termina sua argumentação das interfaces apresentando as interfaces do campo das Representações Sociais com os demais campos: quais saberes coletivos definem os sujeitos sociais em interação na área de estudo? Como esses sujeitos representam a natureza no meio em que vivem? Como as condições e/ou situações de vida locais influenciam no enraizamento social de indivíduos e grupos? De que forma esse enraizamento influencia e constitui saberes capazes de produzir e instituir significados para as práticas sociais e à natureza? Que consequências esses saberes têm nos modos de vida e nas formas de exploração do meio natural?

Magda Zanoni apresentou cinco etapas do programa interdisciplinar de pesquisa. A primeira é a etapa comum: aprofundamento do diagnóstico geral para melhor compreensão das situações nos espaços ilustrativos geradores de desigualdades (como os atores sociais manejam suas condições). Fontes vivas: entrevistas; fontes secundárias (censos, documentos, mapas, teses etc.); construção de estratificação social. O objetivo nesta etapa é de qualificar e não de quantificar as situações-chave: quais são as situações mais críticas que fazem mais sentido para nossa problemática? Quais são os temas pertinentes para as pesquisas disciplinares? Como alimentar os campos e temas de pesquisa específicos, mas que são construídos através das interfaces? A segunda etapa é a identificação e qualificação das situações-chave a partir do trabalho comum: identificar campos de trabalho para apreender a complexidade em suas dimensões materiais e imateriais. A terceira etapa é a identificação de temas de pesquisa relevantes no tratamento dos processos geradores de desigualdades: quais as leituras das diversidades/heterogeneidades efetuadas pelas diferentes disciplinas? Quais as temporalidades exigidas pelas disciplinas para fazer a leitura das desigualdades?

A quarta etapa é a da seleção de temas e situações para estudo e a quinta etapa é a da elaboração de objetos, hipóteses e metodologias de estudos disciplinares.

Magda Zanoni termina a palestra apresentando as seguintes repercussões e/ou impactos dos resultados: demonstrar o interesse dos enfoques interdisciplinares para a análise do desenvolvimento rural, isto é, que sejam integradas as relações dos sistemas naturais e sociais; contribuir com reflexões para a formulação de novas concepções do desenvolvimento rural; contribuir com propostas de planos de ação ou políticas de desenvolvimento que levem em consideração as condições de reprodução dos sistemas naturais e sociais das populações; fortalecer laços cooperativos entre pesquisa e a ação para o desenvolvimento regional, estabelecendo mecanismos de colaboração entre pesquisadores, serviços e os diferentes atores sociais.

É importante criarmos uma cultura interdisciplinar na pesquisa, no ensino e na extensão. Neste processo é necessário ter consciência dos limites do próprio saber. Não temer o questionamento, mas avançar com precaução. Procurar, primeiro, as suas próprias fraquezas; levar em conta a grande importância das pessoas. A confiança mútua, a fraternidade, a disposição para o diálogo e a "alquimia" do grupo, assim como, naturalmente, a competência e a criatividade são fatores primordiais de sucesso. Levar em consideração que cada projeto ou programa é uma aventura em um território pouco ou mal delimitado. As melhores equipes são aquelas que cometeram mais erros, mas não o renovaram a cada vez; não se contentaram com sucessos rápidos, fáceis.

Alguns desafios que a professora Magda apresentou foram: a promoção de um conjunto de estudos estruturados em torno de um arcabouço analítico comum; identificar os entraves existentes para a transformação socioeconômica e produtiva, incluindo a dimensão ambiental; avaliar os avanços teóricos e metodológicos da pesquisa interdisciplinar (seminários); apontar demandas que possam orientar um esforço acadêmico de pesquisa; e fortalecer laços cooperativos entre a pesquisa e a ação.

Está claro que nos dias atuais, certos objetos de pesquisa necessitam de uma produção do conhecimento fora de nossas fronteiras, a fim de responder à complexidade dos fenômenos. É necessário concretizar na prática interdisciplinar, tanto no ensino quanto na pesquisa, a passagem do modelo analítico ao modelo interdisciplinar. A abertura é uma atitude necessária. A solução de um problema pode ser invisível no seio de uma única disciplina.

A superação da fronteira do conhecimento é uma aventura da identidade humana. Magda afirmou a importância de superar a concepção fechada do mundo em detrimento de uma concepção aberta do mundo. A livre circulação entre os diversos conhecimentos se faz necessária.

Acredita-se que as etapas metodológicas na prática interdisciplinar têm início com definição da temática. Nesta primeira etapa é necessário realizar oficinas de pesquisa; definição da área empírica e definição de instrumentos para a construção da problemática. Na segunda etapa é necessário realizar a definição e a construção do programa interdisciplinar e a articulação das hipóteses de cada área de conhecimento. Na terceira é necessário criar um acordo com cada área do conhecimento envolvida no programa e a quarta etapa é a consolidação das interfaces a partir dos resultados.

É urgente a criação de uma cultura interdisciplinar. A superação das limitações que vão surgindo é um trabalho de equipe. A proposta interdisciplinar requer um trabalho coletivo a partir das hipóteses de cada área em relação à pesquisa que se propõe realizar. A interdisciplinaridade reivindica as características de uma categoria científica, dizendo respeito à pesquisa.

Para Japiassu (1981) a interdisciplinaridade corresponde a um nível teórico de constituição das ciências e a um momento fundamental de sua história. A interdisciplinaridade aparece como o instrumento e a expressão de uma crítica interna do saber, como um meio de superar o isolacionismo das disciplinas, como uma maneira de abandonar a pseudoideologia da independência de cada disciplina relativamente aos outros domínios da atividade humana e aos diversos setores do próprio saber, como uma modalidade inovadora de adequar as atividades de ensino e de pesquisa às necessidades sócio-profissionais, bem como de superar o fosso que ainda separa a universidade da sociedade.

Referências

ABBAGNO, Nicola. *Dicionário de filosofia*. São Paulo: Martins Fontes, 1998.

_____. *História da filosofia*. 2. ed. Lisboa: Presença, 1978, v. 10.

ADORNO, Francesco. *Sócrates*. Lisboa: 70, 1986.

ADORNO, Theodor W. *Negative dialectics*. New York: Continuum, 1973.

AGOSTINHO, Márcia Esteves. *Complexidade e organizações*: em busca da gestão autônoma. São Paulo: Atlas, 2003.

AQUINO, Mirian de Albuquerque. (Org.). *O campo da ciência da informação*: gênese, conexões e especificidades. João Pessoa: UFPB, 2002.

ALLAN D. J. *A filosofia de Aristóteles*. Lisboa: Presença, 1970.

ALMEIDA, M. C.; CARVALHO, E. A. (Org). *Educação e complexidade*: os sete saberes e outros ensaios. São Paulo: Cortez, 2002.

ANDERSON, J. R. *The achiteture of cognition*. Cambridge, MA: Harvard University Press, 1983.

APEL, K. *Estudos de moral moderna*. Petrópolis: Vozes, 1984.

ARAGÃO, Lucia Maria de Carvalho. *Razão comunicativa e teoria social crítica em Habermas*. Rio de Janeiro: Tempo Brasileiro, 1992.

ARAÚJO, I. L. *Introdução à filosofia da ciência*. Curitiba: Editora da UFPR, 1998.

ARISTÓTELES. *Ética a Nicômaco*. Brasília: Universidade de Brasília, 1985.

ARISTÓTELES. *Ética a Nicômaco*. São Paulo: Nova Cultural, 1987.

_____. *Metafísica*. Edição Trilingue. Trad. De Valentin Garcia Yebra. Madrid: Gredos. 1982.

_____. *Política*. Brasília: Universidade de Brasília, 1985.

BACHELARD, Gaston. *A formação do espírito científico*. Rio de Janeiro: Contraponto, 2001.

_____. *Epistemologia*. Rio de Janeiro: Zahar, 1977.

BARTHES, Roland. *Elementos de semiologia*. São Paulo: Cultrix, 1964.

BAUDRILLARD, JEAN. *À sombra das maiorias silenciosas*: o fim do social e o surgimento das massas. 4. ed. São Paulo: Brasiliense, 1994.

BEAUFRET J. *Introduction aux philosophies de l'existence*. Paris: Denoël, 1971.

BERKELEY, E. *Ensayo sobre una nueva teoría de la visión y tratado sobre los principios del conocimiento humano*. Buenos Aires – México: Espasa – Calpe, 1901.

BERTALANFFY, Ludwig von. *General systems theory*. New York: Georges Braziller, 1968.

BLANCHÉ, Robert. *A epistemologia*. 3. ed. Lisboa: Presença, 1983.

BOMBASSARO, Luiz Carlos. *Ciência e mudança conceitual*: notas sobre epistemologia e história da ciência. Porto Alegre: EDIPUCRS, 1995.

_____. *As fronteiras da epistemologia*: uma introdução ao problema da racionalidade e da historicidade do conhecimento. Petrópolis: Vozes, 1992.

BOURDIEU, Pierre. *A produção da crença*: contribuição para uma economia dos bens simbólicos. São Paulo: Zouk, 2002.

_____. *O senso prático*. Petrópolis: Vozes, 2009.

_____. *Science de la science et réflexivité*. Paris: Raisons D'Agir, 2001.

BREHIER, E. *História da filosofia*. São Paulo: Mestre Jou, 1980.

CARDON, Juan Manuel Navarro; MARTINEZ, Tomas Calvo. *História da filosofia*. Lisboa: Edições 70, 1989.

CARDOSO, Ruth. (Org.). *A aventura antropológica*: teoria e pesquisa. Rio de Janeiro: Paz e Terra, 1996.

CHALMERS, Alan F. *A fabricação da ciência*. São Paulo: Unesp, 1994.

CHISHOLM, R. M. *Teoria do conhecimento*. Rio de Janeiro: Zahar, 1966.

CHRÉTTIEN, Claude. *A ciência em ação*. Campinas: Papirus, 1994.

COELHO NETO, J. Teixeira. *Semiótica, informação e comunicação*: diagrama da teoria do signo. São Paulo: Perspectiva, 1980.

CREMA, R. *Introdução à visão holística*: breve relato de viagem do velho ao novo paradigma. São Paulo: Summus, 1989.

DALLE NOGARE, Pedro. *Humanismos e antihumanismos*. 11. ed. Petrópolis: Vozes, 1988.

DERRIDA J. *L'écriture et la différence*. Paris: Seuil, 1967. Col. Tel Quel.

_____. *La voix et le phénomène*. Paris: P.U.J.F., 1967.

DE CRESCENZO, Luciano. *História da filosofia grega*: a partir de Sócrates. Lisboa: Presença, 1988.

DUMONT, Jean Paul. *A filosofia antiga*. Lisboa: Edições 70, 1976.

DURANT, Will. *A filosofia de Platão*. Rio de Janeiro: Ediouro, [s.d.].

ECO, Umberto. *Como se faz uma tese*. São Paulo: Perspectiva, 1998.

EPSTEIN, Isaac. *Revoluções científicas*. São Paulo: Ática, 1988.

_____. *Teoria da informação*. 2. ed. São Paulo: Ática, 1988.

ETZIONI, Amitai. *Organizações complexas*: um estudo das organizações em face dos problemas sociais. São Paulo: Atlas, 1971.

FERNANDES, F. *Elementos de sociologia teórica*. São Paulo: Companhia Editora Nacional, 1970.

FEYERABEND, Paul. *Adeus à razão*. Lisboa: Edições 70, 1991.

FIALHO, Francisco Antônio P. *Ciências da cognição*. Florianópolis: Insular, 2001.

FILHO Adonias. *Sócrates*. Rio de Janeiro: Ediouro, [s.d.].

FOUCAULT, M. *Le souci du soi*. Paris: Gallimard, 1984.

_____. *L'archéologie du savoir*. Paris: Gallimard, 1969.

FOUCAULT, M. *Microfísica do poder*. Rio de Janeiro: Graal, 1982.

_____. *Microfísica do poder*. Rio de Janeiro: Graal, 1979.

_____. *A arqueologia do saber*. Rio de Janeiro: Forense Universitária, 2002.

FOUREZ, Gérard. *A construção das ciências*: introdução à filosofia e à ética das ciências. São Paulo: UNESP, 1995.

FRAILE, O. P. Guilhermo. *Historia de la filosofía*. Madrid: BAC, 1976. v. 1 e 2.

FRANCA, Leonel. *Noções de história da filosofia*. Rio de Janeiro: Agir, 1982.

FREITAG, B.; ROUANET. *Habermas*. São Paulo: Ática, 1990.

FREITAG, Barbara. *A teoria crítica*: ontem e hoje. São Paulo: Brasiliense, 1986.

FROMM, Erich. *A análise do homem*. Rio de Janeiro: Zahar, 1980.

FROST Jr.; S. E. *Ensinamentos básicos dos grandes filósofos*. São Paulo: Cultrix, [s.d.].

GARDNER, H. *The mind's new science*. New York: Basic Books, 1984.

GOLDEMBERG, Mirian. *A arte de pesquisar*: como fazer pesquisa qualitativa em Ciências Sociais. São Paulo: Record, 1999.

GROETHUYSEN, Bernard. *Antropologia filosófica*. Lisboa: Presença, 1982.

_____. *As estruturas elementares do parentesco*. Petrópolis: Vozes, 1982.

GRUBE, G. M. A. *El pensamiento de Platon*. Madrid: Gredos, 1987.

HABERMAS, J. *Conhecimento e interesse*. Rio de Janeiro: Guanabara, 1987.

_____. *Teoría de la acción comunicativa*. Madrid: Taurus, 1987. v. I e II.

_____. *Teoría de la acción comunicativa*: complementos y estudios previos. Madrid: Cátedra, 1989.

_____. *Consciência moral e agir comunicativo*. São Paulo: Brasiliense, 1989b.

HABERMAS, J. *La lógica de la acción comunicativa*: complementos y estudios previos. Madrid: Cátedra, 1989a.

_____. *La lógica de las ciencias sociales*. Madrid: Tecnos, 1988.

_____. *Law and morality*. The tanner lectures on human values. Cambridge: University Press, 1988b.

_____. *Legitmatins probleme in Spätkapitalismus*. Frankfurt: Suhrkamp, 1973. (Trad. de Vamirech Chacon: A crise de legitimação no capitalismo tardio. *Revista Tempo Brasileiro*, Rio de Janeiro, 1980).

_____. *O discurso filosófico da modernidade*. Lisboa: Dom Quixote, 1990.

_____. *O discurso filosófico da modernidade*. Lisboa: Dom Quixote, 1990b.

_____. *Para a reconstrução do materialismo histórico*. 2. ed. São Paulo: Brasiliense, 1990c.

_____. Passado como futuro. *Revista Tempo Brasileiro*, Rio de Janeiro, 1993.

_____. *Pensamento pós-metafísico*: estudos filosóficos. *Revista Tempo Brasileiro*, Rio de Janeiro, 1990a.

_____. *Teoría de la acción comunicativa*. Madrid: Taurus, 1992. t. I e II.

_____. *Theorie des kommunikativen Handelns*. Frankfurt: Suhrkamp, 1981.

HEIDEGGER, M. *Qu'est-ce que la métaphysique?* Trad. H. Corbin, Gallimard, 1951.

_____. *Lettre sur l'humanisme*. Trad. R. Munier. Paris: Aubier, 1957.

_____. *Quest-ce que la philosophie?* Trad. K. Axelos e J. Beaufred. Paris: Gallimard, 1957.

_____. *Essais et conférences*. Trad. A. Préau. Paris: Gallimard, 1958.

_____. *Le principe de raison*. Trad. A. Préau. Paris: Gallimard, 1962.

HEIDEGGER, M. *Vétre et le temps*. Trad. R. Boehm e A. de Waelhens. Gallimard, 1964.

HESSEN, J. *Teoria do conhecimento*. São Paulo: Martins Fontes, 2003.

_____. *Teoria do conhecimento*. São Paulo: Martins Fontes, 2005.

HISCHBERGUER, Johannes. *História da filosofia na antiguidade*. 2. ed. Herder, 1957.

HOBBES, Thomas. *Leviatã ou matéria, forma e poder de um estado eclesiástico civil*. 2. ed. São Paulo: Abril Cultural, 1979.

HUSSERL, E. *Recherches logiques*. Trad. H. Elie, L. Kelkel e R. Scherer. Paris: PUF, 1959-1963, 4 v.

_____. *Idée de la phénoménologie*. Trad. A. Lowit. Paris: PUF, 1970.

_____. *La philosophie comme science rigoureuse*. Trad. Q. Lauer. Paris: PUF, 1955.

_____. *Idées directrices pour une phénoménologie*. Trad. P. Ricoeur. Gallimard, 1950.

_____. *Méditations cartésiennes*. Trad. Pfeiffer e Lévinas. Vrin, 1953.

_____. La crise des sciences européennes et la phénoménologie transcendantale. Trad. E. Gerrer, em *Eludes Philosophiques*, 1948, n°s 2-3.

IARZA, Iñaki. *História de la filosofía antigua*. 2. ed. Pamplona: Universidad de Navarra, 1987.

INGREAM, David. *Habermas e a dialética da razão*. Brasília: Edund, 1993.

JAEGER, Werner. *Aristóteles*. Madrid: Fondo de Cultura Económica, 1984.

JAMES, W. *Pragmatism*: a new name for some old ways of thinking. New York, Toronto: Longmans Green, 1949.

JAPIASSU, Hilton. *Introdução ao pensamento epistemológico*. 4. ed. Rio de Janeiro: Francisco Alves Editora, 1986.

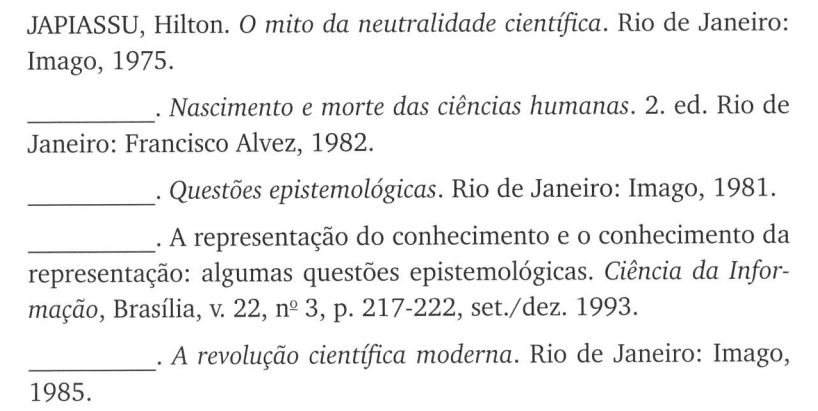

JAPIASSU, Hilton. *O mito da neutralidade científica*. Rio de Janeiro: Imago, 1975.

_____. *Nascimento e morte das ciências humanas*. 2. ed. Rio de Janeiro: Francisco Alvez, 1982.

_____. *Questões epistemológicas*. Rio de Janeiro: Imago, 1981.

_____. A representação do conhecimento e o conhecimento da representação: algumas questões epistemológicas. *Ciência da Informação*, Brasília, v. 22, nº 3, p. 217-222, set./dez. 1993.

_____. *A revolução científica moderna*. Rio de Janeiro: Imago, 1985.

JEANSON F. *La phénoménologie*. Paris: Téqui, 1951.

JOLIVET, R. *Traité de philosophie*. Lyon: Paris, 1965.

KANT, Immanuel. *A crítica da razão pura*. São Paulo: Abril Cultural, 2000 (Os Pensadores).

KLINKE, Frederico; COLOMER, Eusébio. *História da filosofia*. 2. ed. Barcelona: Labor, 1957.

KOYRÉ, Alexandre. Estudos de história do pensamento científico. 2. ed. Rio de Janeiro: Forense Universitária, 1991.

KUHN, Thomas S. *A estrutura das revoluções científicas*. 6. ed. São Paulo: Perspectiva, 2001.

KUJAWSKI, Gilberto de Mello. *A crise do século XX*. São Paulo: Ática, 1988.

LAKATOS, Imre; MUSGRAVE, Alan. *A crítica e o desenvolvimento do conhecimento*. São Paulo: Cultrix, 1979.

LARA, Tiago Adão. *Caminhos da razão no ocidente*: a filosofia suas origens gregas. Petrópolis: Vozes, 1989. v. 1.

LARMORE, C. *Modernité et morale*. Paris: Presses Universitaires de France, 1993.

LATOUR, Bruno. *Ciência em ação*: como seguir cientistas e engenheiros sociedade afora. São Paulo: UNESP, 2000.

LE COADIC, Yves-François. *A ciência da informação*. Brasília: Briquet de Lemos/Livros, 1996.

LÉVI-STRAUSS, Claude. *Mythologiques*: l'homme nu. Paris: Plon, 1971.

_____. *Antropologia estrutural*. Rio de Janeiro: Tempo Brasileiro, 1970.

_____. *A noção de estrutura em etinologia*. In: LÉVI-STRAUSS, C. et al. *Estruturalismo*. Rio de Janeiro: Tempo Brasileiro, 1967.

LYOTARD, Jean-François. *A condição pós-moderna*. 6. ed. Rio de Janeiro: José Olympio, 2000.

_____. *La phénoménologie*. Paris: PUF, "Que sais-je?", 1954.

MAIRE, Gaston. *Platão*. Lisboa: Edições 70, 1983.

MALINOWSKI, R. *Uma teoria científica da cultura*. Rio de Janeiro: Zahar, 1962.

MANDEL, E. *Introdução ao marxismo*. Rio de Janeiro: Zahar, 1978.

MARIAS, Julian. *Biografia da filosofia/ideia de metafísica*. São Paulo: Duas Cidades, 1966.

_____. *História da filosofia*. Porto: Souza e Almeida, 1978.

_____. *La filosofía en sus textos*. Barcelona: Labor, 1950.

MARIOTI, H. *Pensamento complexo*: suas aplicações à liderança, à aprendizagem e ao desenvolvimento sustentável. São Paulo: Atlas, 2007.

MATTELART, Armand. *História da sociedade da informação*. São Paulo: Loyola, 2002.

MATURANA, Humberto; VERDEN-ZÖLLER, Gerda. *Amor y juego*: fundamentos olvidados de lo humano. Santiago (Chile): Instituto de Terapia Cognitiva, 1997.

MERLEAU-PONTY, M. *La structure du comportement*. 6. ed. Paris: PUF, 1967.

_____. *Phénoménologie de la perception*. Paris: Gallimard, 1945.

_____. *Sens et non-sens*. Paris: Nagel, 1950.

_____. *Signes*. Paris: Gallimard, 1960.

_____. *Eloge de la philosophie et autres essais*. Paris: Gallimard, 1960. Col. Idées.

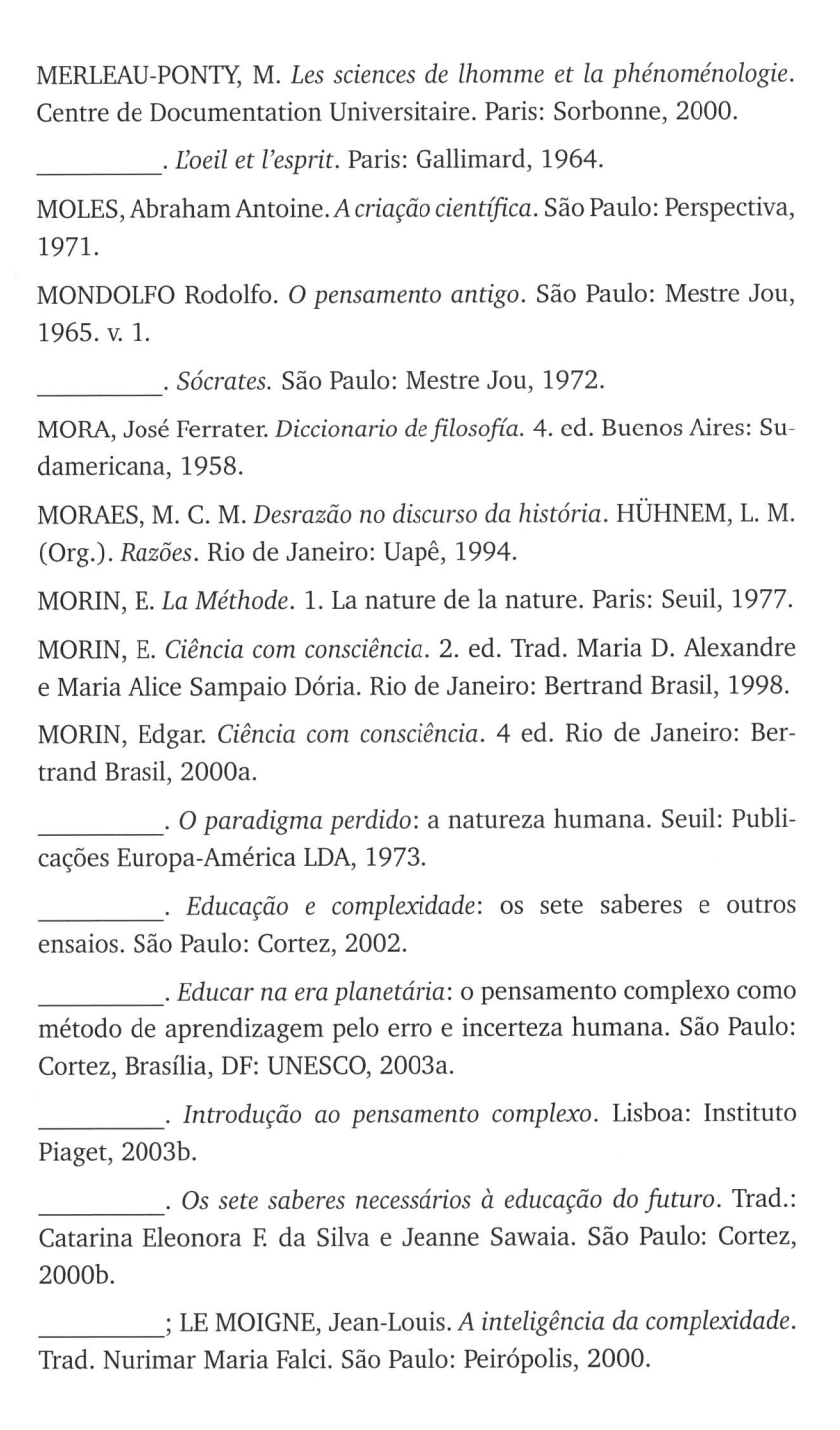

MERLEAU-PONTY, M. *Les sciences de lhomme et la phénoménologie*. Centre de Documentation Universitaire. Paris: Sorbonne, 2000.

_____. *L'oeil et l'esprit*. Paris: Gallimard, 1964.

MOLES, Abraham Antoine. *A criação científica*. São Paulo: Perspectiva, 1971.

MONDOLFO Rodolfo. *O pensamento antigo*. São Paulo: Mestre Jou, 1965. v. 1.

_____. *Sócrates*. São Paulo: Mestre Jou, 1972.

MORA, José Ferrater. *Diccionario de filosofía*. 4. ed. Buenos Aires: Sudamericana, 1958.

MORAES, M. C. M. *Desrazão no discurso da história*. HÜHNEM, L. M. (Org.). *Razões*. Rio de Janeiro: Uapê, 1994.

MORIN, E. *La Méthode*. 1. La nature de la nature. Paris: Seuil, 1977.

MORIN, E. *Ciência com consciência*. 2. ed. Trad. Maria D. Alexandre e Maria Alice Sampaio Dória. Rio de Janeiro: Bertrand Brasil, 1998.

MORIN, Edgar. *Ciência com consciência*. 4 ed. Rio de Janeiro: Bertrand Brasil, 2000a.

_____. *O paradigma perdido*: a natureza humana. Seuil: Publicações Europa-América LDA, 1973.

_____. *Educação e complexidade*: os sete saberes e outros ensaios. São Paulo: Cortez, 2002.

_____. *Educar na era planetária*: o pensamento complexo como método de aprendizagem pelo erro e incerteza humana. São Paulo: Cortez, Brasília, DF: UNESCO, 2003a.

_____. *Introdução ao pensamento complexo*. Lisboa: Instituto Piaget, 2003b.

_____. *Os sete saberes necessários à educação do futuro*. Trad.: Catarina Eleonora F. da Silva e Jeanne Sawaia. São Paulo: Cortez, 2000b.

_____; LE MOIGNE, Jean-Louis. *A inteligência da complexidade*. Trad. Nurimar Maria Falci. São Paulo: Peirópolis, 2000.

MORIN, Edgar. *A cabeça bem-feita*: repensar a reforma, reformar o pensamento. 7. ed. Trad. Eloá Jacobina. Rio de Janeiro: Bertrand Brasil, 2002.

_____. *O método 5*: a humanidade da humanidade. Trad. Juremir Machado da Silva. Porto Alegre: Sulina, 2003.

_____. *A ciência com consciência*. 6. ed. Rio de Janeiro: Bertrand Brasil, 2002a.

_____. *As grandes questões do nosso tempo*. Lisboa: Notícias, 1994.

_____. *Introdução ao pensamento complexo*. Lisboa: Instituto Piaget, 1999.

_____. *O método*: 3. O conhecimento do conhecimento. Porto Alegre: Sulina, 1999.

_____. Por uma reforma do pensamento. In: PENA-VEGA, Alfredo; NASCIMENTO, Elimar Pinheiro do (Org.). O pensar complexo: Edgar Morin e a crise da modernidade. 3. ed. Rio de Janeiro: Garamond, 1999a. Artigo recebido em 21-2-2003 e aceito para publicação em 7-5-2003, Inf., Brasília, v. 32, nº 2, p. 64-68, maio/ago. 2003.

PARSONS, Talcott; PARSONS, T. *The Structure of Social Action*. New York: Macmillan, 1937. Cad. de Pesq. Interdisc. em Ci-s. Hum-s., Florianópolis, v. 10, nº 97, p. 181-204, jul./dez. 2009.

_____. *Ensayos de teoría sociológica*. Paidos: Cabildo, Buenos Aires, 1954.

_____. *Sociological theory and modern society*. New York: Free Press, 1967.

PASCHOAL, A. E. *A genealogia de Nietzsche*. Curitiba: Champagnat, 2003.

PEREIRA, Otaviano José. *Aristóteles*: o equilíbrio do ser. São Paulo: FTD, 1990.

PEREZ, Rafael Gomes. *História básica da filosofia*. São Paulo: Nermann, 1981.

PIAGET, J. *O estruturalismo*. São Paulo: Cultrix, 1975.

PLATÃO. *A república*. 4. ed. Lisboa: Calouste Gulbenkian, 1983.

PLATÃO. *Diálogos* – eutífrom. apologia, Críton. Fédon. São Paulo: Hermes, 1981.

_____. *Diálogos* – Mênon, Banquete, Fedro. São Paulo: Tecnoprint, 1981.

_____. *Diálogos IV*. Sofista. Político. Filebo. Tirimeu. Crítias. São Paulo: Publicações Europa, 1980.

_____. *Diálogos*: o Banquete-Fédon-Sofista-Político. Seleção de textos de José Américo Motta Pessanha. São Paulo: Publicações Europa, 1980.

_____. *Diálogos*: Teeteto. Tradução de Carlos Alberto Nunes. Pará: Universidade Federal do Pará, 1973.

PONCHIROLLI, Osmar. *Ética e responsabilidade social empresarial*. Curitiba: Juruá, 2007.

_____. *Capital humano*: sua importância na gestão estratégica do conhecimento. Curitiba: Juruá, 2005.

PRADO COELHO, E. *Estruturalismo*: antologia de textos teóricos. Lisboa: Portugália, 1967.

OLIVEIRA, Manfredo Araújo de. *A filosofia na crise da modernidade*. São Paulo: Loyola, 1989b.

REALE, Giovanni; ANTISERI, Dario. *História da filosofia*. São Paulo: Paulinas, 1990.

REALE, M. *Filosofia do direito*. São Paulo: Saraiva, 1984.

RICHARDSON, Jarry Roberto; Colaboradores. *Pesquisa Social*: métodos e técnicas. São Paulo: Atlas, 1985.

RICOEUR P. Sur Ia phénoménologie, *enEsprit*, dez. 1953.

ROSS, David. *Aristóteles*. Lisboa: Dom Quixote, 1987.

ROTY, R. *A filosofia e o espelho da natureza*. Rio de Janeiro: Relume Dumará, 1995.

ROUANET, Sérgio Paulo. *As razões do iluminismo*. São Paulo: Companhia das Letras, 1987.

RUSS, Jacqueline. *Dictionnaire de philosophie*. Paris: Bordas, 1991.

RUSSELL, B. *História da filosofia ocidental*. Lisboa: Ed. 70, 1980.

SANTOS, Boaventura de Souza. *Pela mão de Alice*: o social e o político na pós-modernidade. 5. ed. São Paulo: Cortez, 1999.

SAUSSURE, Ferdinand C. *Curso de linguística geral*. São Paulo: Cultrix, 1972.

_____. *Princípios de linguística geral*. São Paulo: Cultrix, 1977.

SCHUTZ, Alfred. *Fenomenologia e relações sociais*. Rio de Janeiro: Zahar, 1979.

SCIACCA, Michele Frederico. *História da filosofia*. São Paulo: Mestre Jou, 1966. v. 1, Antiguidade e Idade Média.

SEVERINO, Emanuele. *A filosofia antiga*. Lisboa: Edições 70, 1986.

TRIVIÑOS, Augusto N. S. *Introdução à pesquisa em ciências sociais* – a pesquisa qualitativa em educação. São Paulo: Atlas, 1987.

VARELA, F.; MATURANA, H. *Autopoiesis and cognition*. Boston: D. Reidel, 1980.

VARELA, Francisco. L'auto-organisation: de l'apparence au mécanisme. In: DUPUY, Jean-Pierre; DUMOUCHEL, Paul. *L'auto-organisation*: de la physique au politique. Paris: Seuil, 1983.

VERNANT, Jean-Pierre. *As origens do pensamento grego*. 5. ed. São Paulo: Difel, 1986.

WILBER, Ken. Monumentally, gloriously, divinely big egos. Excerto do livro: *One Taste, The Journals of Ken Wilber*, a ser publicado por Shambhala Publications.

YALOM, Irvin D. *The theory and practice of existential psychoterapy*. Nova York: Basic Books, 1975.

YUKI, Mauro Mítio. *Uma metodologia de implementação de técnicas e filosofias japonesas da gestão de empresas brasileiras*. Florianópolis, 1988. Dissertação (Mestrado) apresentada ao Programa de Pós-Graduação em Engenharia de Produção – Universidade Federal de Santa Catarina.

ZANONI, Magda. *Evolução e diferenciação da agricultura, transformação do meio natural e desenvolvimento sustentável em espaços rurais do sul do Brasil*: Programa Interdisciplinar de Pesquisa. Palestra ministrada no 5º Seminário de Sustentabilidade na cidade de Curitiba no ano de 2011.

Formato	14 x 21 cm
Tipologia	Charter 11/13
Papel	g/m² (miolo)
	g/m² (capa)
Número de páginas	160
Impressão	Editora e Gráfica Vida&Consciência